SCIENTIA

PHYS.-MATHÉMATIQUE

Mai 1901

n° 11.

PRODUCTION ET EMPLOI

DES

COURANTS ALTERNATIFS

PAR

L. BARBILLION

Docteur ès Sciences.

TABLE DES MATIÈRES

PRODUCTION ET EMPLOI

DES

COURANTS ALTERNATIFS

CHAPITRE PREMIER

RAPPEL DE QUELQUES NOTIONS THÉORIQUES RELATIVES A L'INDUCTION ÉLECTROMAGNÉTIQUE ET AUX MACHINES A COURANT CONTINU

A. **Phénomènes d'induction**. — Nous supposerons connues les notions suivantes :

a. Assimilation d'un circuit parcouru par un courant i à un feuillet magnétique d'une puissance P déterminée par l'équation $P = iS$, S étant la surface du feuillet ou du circuit.

b. Existence d'une énergie potentielle entraînée par la présence d'un circuit ou d'un feuillet dans un champ magnétique. Cette énergie potentielle a pour expression $— P\Phi$ ou $— iS\Phi$, Φ représentant le flux pénétrant par unité de surface à travers la face négative du feuillet.

c. Existence d'une action exercée par un courant indéfini sur un pôle magnétique, cette force étant perpendiculaire au plan déterminé par le pôle et le courant, et dirigée vers la gauche de l'observateur regardant le pôle et placé suivant la règle d'Ampère.

d. Expression de l'énergie relative de deux circuits $w = — ii'm$; m est dit coefficient d'induction mutuelle, c'est-à-dire un élément dépendant de la situation géométrique relative des deux circuits ; mi et mi' représentent les flux émis respectivement par les circuits parcourus par les courants i et i' à travers les circuits parcourus par les courants i' et i.

e. Effet de self-induction, ou existence d'une énergie due à la présence d'un circuit parcouru par un courant i dans le propre champ qu'il crée. Le circuit est traversé par les lignes de force qu'il engendre. Soit L le flux de force émis par un courant unité, le flux émis par le courant i est Li. Quand l'intensité passe de i à i di, l'énergie du circuit et du champ varie de la quantité — $L i d i$. Ainsi donc, lorsque le courant passe de la valeur o à la valeur i, une énergie $\left(\dfrac{L i^2}{2}\right)$ est localisée dans le milieu ambiant.

f. Expression du coefficient de self-induction et du coefficient d'induction mutuelle. Nous aurons le plus souvent affaire à des coefficients de self-induction de bobines présentant un grand nombre de spires, et montées sur un noyau de fer doux, dont la perméabilité μ est régie par le produit de l'intensité i du courant et du nombre n de spires de la bobine, c'est-à-dire par les ampères-tours $n i$. Dans ces conditions, le flux d'induction dans le fer, dû à la bobine, a pour expression, dans le cas d'un courant unité $L = 4\pi n^2 l \mu S$, l désignant la longueur de la bobine, S sa section et n le nombre de spires par unité de longueur. Soit $N = n l$. On peut écrire

$$L = \frac{4\pi N^2}{\left(\dfrac{l}{\mu S}\right)}.$$

Considérons maintenant deux bobines enfilées sur le même noyau fermé et dont les enroulements sont alternés. Soient $n_1 i_1$ et $n_2 i_2$ les ampères-tours par unité de longueur de chacune des bobines. Le flux émis par la première bobine passera aussi par la seconde et réciproquement. Nous pouvons donc écrire encore pour expression du coefficient d'induction mutuelle,

$$m = \frac{4\pi N_1 N_2}{\left(\dfrac{l}{\mu S}\right)}$$

si $N_1 = n_1 l$ et $N_2 = n_2 l$.

g. **Loi du circuit magnétique.** — Cherchons à appliquer à un tel circuit une expression analogue à la loi d'Ohm qui, dans un circuit fermé, régit la distribution du courant électrique. Nous avons identiquement pour l'expression du flux d'induction Φ, dans un noyau fermé $4\pi n i \mu S = \Phi$ ou encore

$$\Phi = \frac{4\pi N i}{\left(\dfrac{l}{\mu S}\right)}.$$

On appelle force magnétomotrice la quantité $\mathcal{F} = 4\pi N i$, et résistance magnétique l'expression $\mathfrak{R} = \dfrac{l}{\mu S}$. Dans la relation $\Phi = \dfrac{\mathfrak{F}}{\mathfrak{R}}$, analogue à la loi d'Ohm, le flux d'induction Φ joue le rôle d'une intensité. Il faut remarquer cependant que $\mathfrak{R}$ est, comme μ, une fonction de Ni, et non une constante, comme la résistance électrique.

h. Induction électromagnétique. — Les phénomènes d'induction découverts par Faraday en 1831, consistent en la production de courants au sein de circuits déplacés dans des champs magnétiques constants, ou de circuits fixes maintenus dans des champs magnétiques variables. Le sens de ces courants peut être déterminé par la loi de Lenz, d'après laquelle tout déplacement relatif d'un circuit et d'un champ magnétique développe un courant induit tendant à s'opposer au mouvement.

Loi générale de l'induction. — Elle est fondée sur le principe de la conservation de l'énergie et est due à lord Kelvin et à Helmholtz. Dans un circuit soumis à une force électromotrice e, et de résistance r, au courant $i = \dfrac{e}{r}$, correspond pendant le temps dt un travail $eidt = ri^2dt$, tout entier consommé en chaleur. Plaçons le circuit dans un champ constant et laissons-le libre de se mouvoir. Le circuit va se déplacer sous l'influence d'une force électromagnétique créée par la réaction du champ sur le courant. Le travail dT produit de ce chef pendant le temps dt s'accomplira aux dépens de la source de force électromotrice e, seul réservoir d'énergie disponible. Nous pouvons donc écrire $eidt = ri^2dt + dT$.

Mais ce travail électromagnétique est égal et de signe contraire à la variation de l'énergie $- i\Phi$ du courant dans le champ.

Nous aurons donc, puisque $dT = id\Phi$, et en divisant par idt l'équation précédente

$$i = \frac{e - \dfrac{d\Phi}{dt}}{r}$$

la quantité $- \dfrac{d\Phi}{dt}$ est dite force électromotrice induite. Quand on supprime la source e, on a simplement $i = - \dfrac{d\Phi}{dt} \dfrac{1}{r}$.

Les directions du courant et des lignes de force du champ

sont données respectivement, comme l'a fait remarquer
Maxwell, par les mouvements de translation et de rotation d'un
tire-bouchon qu'on enfonce, quand le flux décroît : elles sont
orientées en sens inverse quand le flux croît.

Appliquons ces principes à l'établissement d'un courant
dans un circuit, soumis à une force électromotrice E. Nous
aurons en considérant le flux dû au champ créé par le circuit
lui-même,

$$E i dt = r i^2 dt + L i \frac{di}{dt} dt$$

d'où
$$i = \frac{E - L \frac{di}{dt}}{r}.$$

Au courant normal $\frac{E}{r}$, se superpose, à la fermeture du circuit, le courant inverse $- \frac{E}{r} e^{-\frac{r}{L} t}$, qui décroît rapidement
avec le temps. Quand on supprime la force électromotrice E,
l'énergie $\frac{1}{2} L \frac{E^2}{r}$ localisée dans le milieu ambiant est restituée
par le circuit sous la forme d'un extra-courant d'ouverture, de
valeur $\frac{E}{r} e^{-\frac{r}{L} t}$. En général le courant qui circule dans un
circuit de self-induction L, et se déplaçant dans un champ constant, a pour valeur, si Φ représente le flux coupé par ce circuit,

$$i = \frac{E - L \frac{di}{dt} - \frac{d\Phi}{dt}}{r}.$$

Dans le cas par exemple d'un cadre de surface S tournant
dans un champ constant H, avec une vitesse uniforme ω, l'expression de l'intensité deviendra

$$i = \frac{E}{r} - \frac{E}{r} e^{-\frac{r}{L} t} + \frac{H \omega S}{\sqrt{r^2 + \omega^2 L^2}} \sin(\omega t - \varphi),$$

en posant
$$\operatorname{tg} \varphi = \frac{L \omega}{r}.$$

Nous avons écrit l'expression $dT = i d\Phi$ pour le cas où
le circuit se déplaçait dans un champ constant. Nous allons
montrer que cette expression convient encore avec un champ
variable. Cherchons, pour simplifier, la variation d'énergie

potentielle entraînée par le déplacement dans un champ variable de l'aimant équivalant à un circuit donné.

Soit (fig. 1) un petit
aimant A B, $\pm \mu$ les
masses magnétiques de
chaque pôle, dl la lon-
gueur de AB. Le po-
tentiel magnétique dû
au champ variable F a
pour valeur V en A, et
$\left(V + \dfrac{dV}{dl}\, dl\right)$ en B.

L'énergie potentielle
développée par la pré-
sence de l'aimant dans le champ a donc pour expression

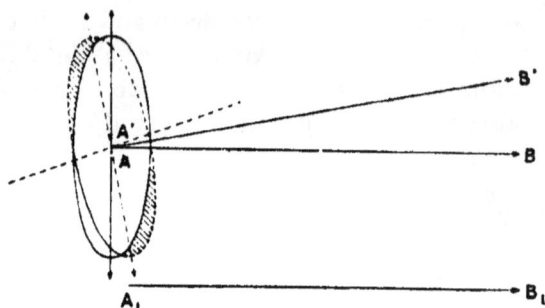

Fig. 1.

$$W = \mu \left(V + \frac{dV}{dl}\, dl\right) - \mu V = \mu\, \frac{dV}{dl}\, dl.\quad.$$

ou, comme μdl représente le moment M de l'aimant,

$$W = M \frac{dV}{dl}.$$

Soit l'élément AB se déplaçant d'une manière quelconque.
Nous aurons, si l'on écrit

$$\frac{dV}{dl} = \sum \frac{dV}{dx}\, \frac{dx}{dl},$$

et si l'on désigne par α, β, γ, les cosinus directeurs du champ F,
a, b, c, ceux de la tangente à la courbe que décrit le point A,

$$\frac{dV}{dl} = - F\, (a\alpha + b\beta + c\gamma) = - F \cos \theta$$

en appelant θ l'angle des deux directions précédentes. Nous
aurons donc $dW = M d\, (F \cos \theta)$ et, en considérant le circuit
équivalant à l'aimant, c'est-à-dire parcouru par un courant i et
d'une surface S telle que $M = iS$,

$$dW = - i d\, (FS \cos \theta)$$

ou encore avec nos notations habituelles $dW = - i d\Phi$.

De même que deux feuillets magnétiques, deux courants
voisins exercent des actions réciproques. On a vu que l'énergie

relative de deux circuits parcourus par des courants i et i' est
— $i\,i'\,m$. Le travail électromagnétique déterminé par le déplacement de ces circuits a pour expression $d'T = d\,(mii')$ ou dans le cas de courants constants $d'T = ii'dm$.

Considérons maintenant pour plus de généralité deux circuits se déplaçant l'un par rapport à l'autre, soumis à des forces électromotrices e et e', et se mouvant dans un ensemble de champs extérieurs à ceux créés par les circuits eux-mêmes. L'expression la plus générale de la loi de l'induction nous conduit aux formules suivantes :

$$e - \mathrm{R}i = \frac{d}{dt}\,(\mathrm{L}i) + \frac{d}{dt}\,(mi') + \sum \frac{d\Phi}{dt}$$

$$e' - \mathrm{R}'i' = \frac{d}{dt}\,(\mathrm{L}'i') + \frac{d}{dt}\,(mi) + \sum \frac{d\Phi'}{dt}$$

$\sum d\Phi$ et $\sum d\Phi'$ représentent les variations des flux coupés respectivement par chacun des deux circuits.

B. **Machines dynamo-électriques à courants continus.** — Les machines dynamo-électriques à courants continus comprennent essentiellement un électro-aimant inducteur entre les pôles duquel se déplace le circuit induit. Ce dernier est constitué par une série de tôles empilées en forme d'anneau, et sur lesquelles ont été effectués les enroulements nécessaires. Le flux magnétique émis par les inducteurs se ferme donc par l'induit, en se divisant en deux branches sensiblement égales (fig. 2).

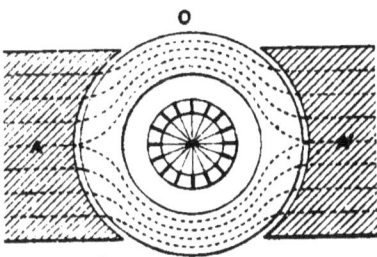

Fig. 2.

Enroulement en anneau. — Enroulons suivant le mode dit en anneau un certain nombre a de sections comprenant chacune b spires. La figure 3 nous donne le schéma d'un tel enroulement, avec $n = ab$ spires. Si l'on anime l'anneau d'une certaine vitesse angulaire ω, les spires deviennent le siège d'une force électromotrice d'induction dont il est facile de prévoir le sens d'après la loi de Lenz. Ces forces électromotrices sont égales et contraires pour deux positions d'une même spire symétriques par rapport au plan OO', correspondant aux maxima des valeurs absolues du flux que reçoit chaque spire dans son mouvement. Le plan AA' représente les positions pour lesquelles la valeur absolue de la force électromotrice développée dans une spire est maxima (fig. 3).

Les spires sont groupées en sections, et chaque section est reliée à une lame d'un collecteur. Deux balais, ou frotteurs, dont le plan de contact avec le collecteur se confond, au moins en pre-

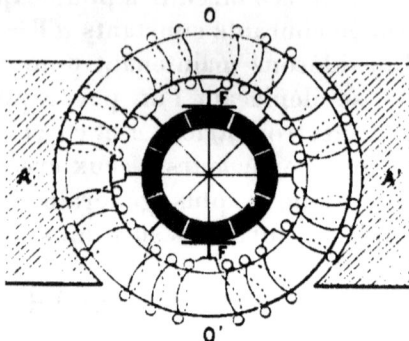

Fig. 3.

mière approximation, avec OO', recueillent le courant qui, dans les deux moitiés de l'induit, circule en sens inverse. On récolte donc aux balais la somme de ces deux courants.

Calculons la force électromotrice développée dans l'induit par sa rotation. Soit Φ le flux issu des inducteurs. Considérons une spire déterminée. Le flux qui entre par une de ses faces passe de $\dfrac{\Phi}{2}$ à $-\dfrac{\Phi}{2}$ quand la spire passe de la position O à la position O'. Dans le temps $\dfrac{T}{2}$, la variation du flux est $\dfrac{\Phi}{\left(\dfrac{T}{2}\right)}$. Soit $N = \dfrac{1}{T}$ le nombre de tours par seconde.

La force électromotrice moyenne développée a pour valeur dans chaque spire $e = 2\Phi N$ et pour $\dfrac{n}{2}$ spires en tension, $E = \Phi N n$. E est exprimée ici en unités C. G. S. Sa valeur E_v en volts est $E_v = N n \Phi . 10^{-8}$.

Enroulement en tambour. — L'enroulement en tambour ne comprend que des conducteurs périphériques sans retour de courant par conducteurs intérieurs. Cet enroulement est indiqué par le schéma de la figure 4. On voit que si a représente le nombre de sections périphériques, on n'utilise que $\dfrac{a}{2}$ lames au collecteur. On peut donc superposer au premier un second enroulement identique.

Soit a lames au collecteur et b le nombre par section de conducteurs actifs, c'est-à-dire périphériques. Nous aurons ainsi pour le nombre n de ces conducteurs actifs, $n = ab$ dans le cas d'un anneau et $n = 2ab$ dans celui d'un tambour.

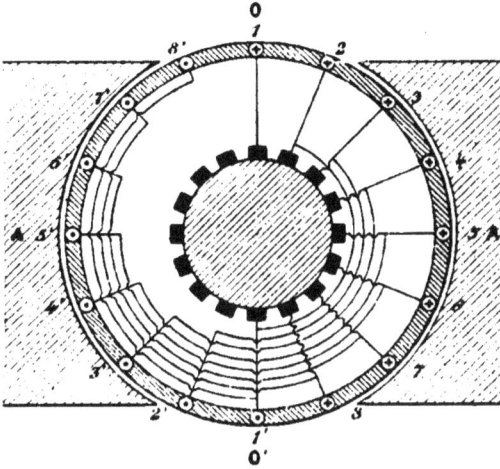

Fig. 4.

Cherchons encore la force électromotrice moyenne développée dans un tambour. Le cadre constitué par deux conducteurs périphériques et leurs connexions latérales, dans la position OO', est traversé par le flux Φ. Dans un demi-tour, le flux varie de Φ à $-\Phi$. Nous aurons donc pour la force électromotrice moyenne développée, en un temps $\dfrac{T}{2}$, dans ce cadre $e = \Phi . 4N$.

Pour l'induit complet, c'est-à-dire pour $\dfrac{b}{2}$ cadres dans chaque section, a sections en tension, et $n = 2\,a\,b$ conducteurs périphériques, nous aurons encore $E = \Phi\,N\,n$ ou en volts $E_v = \Phi N n 10^{-8}$.

Calcul de la force électromotrice développée dans l'induit. —
Nous pouvons donner un calcul plus serré de la force électromotrice développée dans l'induit. Considérons un anneau par exemple (fig. 5). Soit θ l'angle du plan moyen d'une section avec le plan AA'. Soit encore a le nombre des lames au collecteur, et β l'angle des plans moyens de deux spires consécutives. On peut poser $2\,\pi = a\,\beta$. Les flux pénétrant dans les sections faisant avec AA' des angles $\theta, \theta + \beta, \theta + 2\beta$, etc., seront respectivement

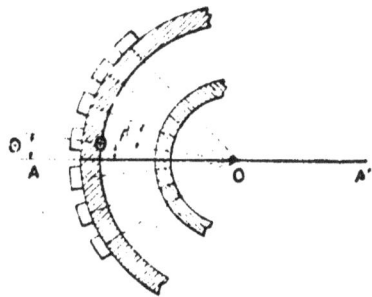

Fig. 5.

$$a\,\frac{\Phi}{2}\sin\theta \quad a\,\frac{\Phi}{2}\sin(\theta + \beta) \quad a\,\frac{\Phi}{2}\sin(\theta + 2\beta), \text{ etc.}$$

et les forces électromotrices correspondantes, si l'on imagine l'induit animé d'un mouvement de rotation uniforme, c'est-à-dire si $\theta = \omega t$,

$$a\omega \frac{\Phi}{2} \cos \theta, \quad a\omega \frac{\Phi}{2} \cos(\theta + \beta), \quad a\omega \frac{\Phi}{2} \cos(\theta + 2\beta), \quad \text{etc}.$$

Les forces électromotrices totales pour les quadrants I et II situés au-dessus et au-dessous de OA seront respectivement

$$E_I = a\omega \frac{\Phi}{2} \left\{ \cos \theta + \ldots + \cos\left[\theta + \left(\frac{a-1}{4}\right)\beta\right] \right\}$$

$$E_{II} = a\omega \frac{\Phi}{2} \left\{ \cos(\theta - \beta) + \ldots + \cos\left[\theta - \frac{a}{4}\beta\right] \right\}$$

c'est-à-dire pour la force électromotrice totale entre balais,

$$E = a\omega \frac{\Phi}{2} \frac{\cos\left(\theta - \dfrac{\beta}{2}\right)}{\sin \dfrac{\beta}{2}}.$$

Cette force électromotrice est légèrement ondulatoire quand on fait varier θ de o à β. Sa valeur maxima, pour $\theta = o$ ou $\theta = \beta$, est $a\omega \frac{\Phi}{2} \cot \frac{\beta}{2}$. Sa valeur minima pour $\theta = \frac{\beta}{2}$ est $a\omega \frac{\Phi}{2} \operatorname{cosec} \frac{\beta}{2}$. La différence de ces valeurs

$$a\omega \frac{\Phi}{2}\left[\cot\frac{\beta}{2} - \operatorname{cosec}\frac{\beta}{2}\right] = \frac{a\omega\Phi}{2} \frac{1}{\operatorname{tg}\dfrac{\beta}{2}},$$

c'est-à-dire l'amplitude des variations de la force électro-motrice, est donc d'autant plus faible que le nombre a est plus petit et l'angle β plus grand, c'est-à-dire qu'il y a un plus grand nombre de sections.

Réaction d'induit. — Nous avons supposé jusqu'ici que les balais étaient calés suivant la ligne OO′, perpendiculaire à l'axe AA′ des électro-aimants. En réalité il faut tenir compte de ce fait, que lorsque la machine débite, les courants qui parcourent l'induit créent un champ magnétique auxiliaire φ qui se compose avec le champ Φ_0 dû aux inducteurs, mais qui tend en général à en diminuer l'effet. Soit Φ_1 le flux résultant (fig. 6).

En général, l'expérience et la théorie prouvent que pour éviter des étincelles nuisibles au collecteur, il convient de décaler les balais en avant de la ligne OO', dans le sens de la

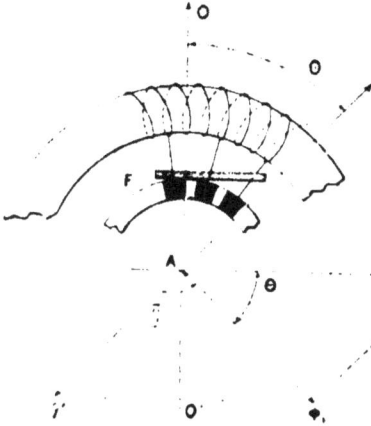

marche de l'induit. La nouvelle ligne de contact des balais doit se confondre avec une perpendiculaire à la direction Φ_1 du flux résultant. Les étincelles subsistent au collecteur tant que cette position n'est pas obtenue : elles sont dues à l'existence d'une force électromotrice dans les spires mises en court-circuit par les balais reposant sur deux lames consécutives du collec-

Fig. 6.

teur. En effet, les variations finies du flux pénétrant dans ces spires, puisque ce flux n'est ni maximum ni minimum, y entraînent le développement d'une force électromotrice d'induction.

Mode d'excitation des dynamos. — Le flux magnétique émis par les électro-aimants inducteurs est alimenté par un courant fourni soit par une excitatrice spéciale, soit, ce qui est le cas le

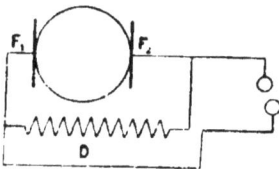

Fig. 7.

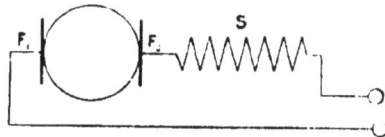

Fig. 8.

plus fréquent, par la dynamo elle-même. Les enroulements inducteurs sont branchés soit sur les balais (en dérivation), soit à la suite d'un de ces balais (en série), comme le figurent les schémas ci-contre (fig. 7 et 8).

Au fur et à mesure que le débit croît, le flux φ représentant la réaction d'induit augmente également, et le flux résultant tend à se déplacer dans le sens de la marche de l'induit, ce qui correspond à une augmentation de l'angle de calage θ des

balais. Si l'on astreint la dynamo à fournir une tension constante aux bornes, quel que soit le débit, ce qui est le cas général, on voit qu'avec l'excitation en dérivation, l'on ne pourra
réaliser automatiquement une augmentation du flux inducteur
Φ_0, permettant de compenser celle du flux propre φ.

Avec l'enroulement en série, un accroissement de débit
entraîne en général une surexcitation excessive de la machine.
On combine les deux enroulements en proportions convenables

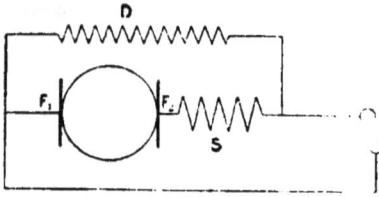
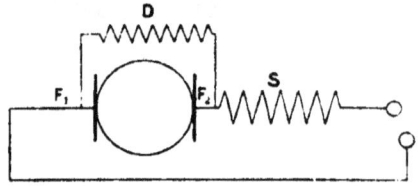

Fig. 9 a.   Fig. 9 b.

(excitation compound), ce qui permet de réaliser une tension
constante (fig. 9 a et b).

Moteurs à courant continu. — Les moteurs à courant continu
ont un fonctionnement analogue à celui des génératrices. En
vertu de la réversibilité des machines électriques et de la loi de
Lenz, on prévoit aisément que si on envoie dans l'induit d'une
telle machine, l'inducteur étant excité par une source séparée, un
courant de même sens que celui qu'elle produirait en fonctionnant comme génératrice, ce moteur tournera en sens contraire.

Les moteurs peuvent recevoir une excitation en série, en
dérivation, ou compound. D'après ce que nous avons vu, nous
constaterons aisément qu'une machine génératrice employée
comme moteur tournera dans le même sens ou en sens contraire suivant qu'elle sera excitée en dérivation ou en série.

En effet, dans ce second cas, le champ inducteur change
de sens avec le courant. Or, d'après ce que nous avons vu,
pour que le champ inducteur reste de sens constant, la machine
fonctionnant comme génératrice ou comme moteur, il faut que
le courant excitateur garde le même sens. Ceci ne pourra arriver que si la rotation de la machine s'effectue en des sens
opposés, suivant le rôle qu'elle est appelée à jouer.

Avec une machine en dérivation, au contraire, les inducteurs
sont toujours parcourus par un courant de même sens, que ce
courant provienne de l'extérieur (moteur) ou de l'induit (géné-

ratrice). L'induit de la machine étant dans les deux cas parcourus par des courants de sens contraire, elle tournera donc dans le même sens. On conçoit donc que dans un moteur en série, il convienne de caler les balais en arrière de la ligne neutre par rapport au mouvement de rotation, de manière à ce que les bobines commutées restent dans un champ magnétique de grandeur suffisante pour permettre de les amener à l'intensité normale, au moment où ces spires cessent d'être mises en court-circuit. On voit donc que le calage des balais devra être modifié dans le seul cas d'une machine enroulée en dérivation.

Soit un moteur dont l'induit est soumis à une différence de potentiel E et tournant à une vitesse $N = \frac{2\pi}{T}$ telle qu'il développe entre ses bornes une force contre-électromotrice E'. Le courant qui circulera dans l'induit aura alors pour expression $I = \frac{E - E'}{R}$ avec $N = \frac{1}{T}$ si $E' = \dot{N}n\Phi \, 10^{-8}$, suivant nos notations habituelles, et en supposant nulle la réaction d'induit. Imaginons que l'excitation soit assurée par une source indépendante. Soit C le couple moteur. On peut alors écrire $2\pi NC = I\Phi n \, 10^{-8}$ pour expression de la puissance fournie par le moteur, Φ étant ici une constante. Par suite $C = \frac{n\Phi I}{2\pi 10^8}$.

Le couple moteur est donc indépendant de la vitesse.

Dans les moteurs à excitation séparée, on voit que suivant les valeurs relatives du couple résistant C' et du couple moteur C, la machine tournera d'autant plus vite que le premier sera inférieur au second, jusqu'à ce que l'accroissement des frottements avec la vitesse permette d'écrire $C = C' + f(N)$, $f(N)$ étant une fonction de la vitesse croissant avec celle-ci.

Au moyen des formules précédentes, on peut étudier le fonctionnement d'un moteur à excitation quelconque dans le cas d'une distribution à potentiel constant ou à intensité constante. On constate aisément que le moteur excité en série présente le couple de démarrage le plus énergique, car ce couple est proportionnel à I_0^2, I_0 étant le courant de démarrage. Mais un tel moteur s'emballe aisément. Le moteur excité en dérivation jouit d'un couple de démarrage plus faible, car le courant inducteur qui crée le flux Φ_0 est pris aux bornes de la distribution. Mais ce dernier moteur a l'avantage de garder une vitesse sensiblement constante, quelle que soit sa charge.

CHAPITRE II

ÉTUDE D'UN COURANT ALTERNATIF

A. Caractéristiques d'un courant alternatif. — Les principes que nous venons d'exposer en partant des phénomènes d'induction, sont relatifs à des courants variant d'une manière absolument quelconque avec le temps. Dans ce qui suit, nous supposerons que les courants repassent périodiquement par les mêmes valeurs.

Nous appellerons donc courant alternatif un courant exprimé par une fonction périodique du temps. On sait qu'une telle fonction du temps peut être représentée par la formule de Fourier, si $\omega = \dfrac{2\pi}{T}$, T étant la période fondamentale,

$$i = I_1 \sin(\omega t - \Psi_1) + I_2 \sin(2\omega t - \Psi_2) + \ldots + I_n \sin(n\omega t - \Psi_n)$$

Dans un mouvement vibratoire complexe, dans un son, par exemple, on distingue l'intensité de la vibration, l'état de compression ou de dilatation du milieu, la hauteur, la phase et le timbre. De même, on peut caractériser un courant alternatif par son intensité, le potentiel en chaque point, la fréquence, la phase et la forme de l'onde électrique correspondante.

Intensité. — Par définition un courant alternatif efficace de 1 ampère est celui qui produit dans un électrodynamomètre la même déviation qu'un courant continu de 1 ampère. Soit M le moment d'inertie de l'équipage mobile de l'électrodynamomètre, θ son angle de déviation, $r\theta$ le couple de torsion de l'appareil et $a\,\dfrac{d\theta}{dt}$ son moment d'amortissement. On peut écrire

$$M\,\frac{d^2\theta}{dt^2} + a\,\frac{d\theta}{dt} + r\theta = ki^2$$

avec

$$i = i_1 + \ldots + i_n$$
$$i_1 = I_1 \sin(\omega t - \Psi_1)$$
$$i_p = I_p \sin(p\omega t - \Psi_p)$$
$$i_n = I_n \sin(n\omega t - \Psi_n)$$

la somme $i^2 = (\Sigma i_p)^2$ se réduit au bout d'un temps suffisamment long à la valeur moyenne

$$i^2 = \frac{1}{2}\sum I_p^2 - \frac{1}{2}\sum I_p^2 \cos 2 \,(p\omega t - \Psi p).$$

Supposons l'appareil mobile doué d'un amortissement assez grand pour rendre négligeables les mouvements qu'il devrait exécuter sous l'action des variations de la force Ki^2.

Nous aurons donc $r\theta = k\,\dfrac{\Sigma I_p^2}{2}$; l'intensité mesurée par cet appareil est l'intensité efficace.

Potentiel. — En prenant comme o le potentiel d'un point déterminé, par exemple celui du sol, le potentiel V en un point du circuit sera mesuré par la déviation d'un électromètre dont une paire de quadrants est maintenue au potentiel o, et l'autre paire reliée au point considéré.

En opérant comme plus haut, et en appelant $r'\theta$ le couple de torsion de l'électromètre, nous trouverons $2\,r'\theta = k'\,\dfrac{\Sigma V_p^2}{2}$. La différence de potentiel mesurée par cet appareil est la tension efficace.

Fréquence. — C'est le nombre de fois par seconde que le courant reprend la même valeur. La fréquence du courant exerce une influence sur la résistance apparente d'un circuit parcouru par un courant alternatif, c'est-à-dire la plus ou moins grande difficulté que doit surmonter un tel courant pour s'établir dans le circuit.

Soient R et L la résistance et la self-induction du circuit, C la capacité d'un condensateur qui y est intercalé, i l'intensité du courant, $Q = idt$ la quantité d'électricité qui passe dans le circuit en un temps dt, e la force électromotrice imposée au circuit. On peut donc écrire

$$e = Ri + L\,\frac{di}{dt} + \frac{1}{C}\int_0^t i\,dt$$

et comme

$$e = \Sigma e_p = E_p \sin (p\omega t - \varphi_p),$$

$$q = \sum q_p = \sum \int_0^t i_p\,dt,$$

$$L \frac{d^2q}{dt^2} + R \frac{dq}{dt} + \frac{q}{C} = e.$$

Cette équation se décompose en une série d'équations linéaires de la forme

$$L \frac{d^2q_p}{dt^2} + R \frac{dq_p}{dt} + \frac{q_p}{C} = e_p,$$

dont la solution générale est de la forme

$$q_p = A_p e^{\alpha_p t} + B_p e^{\beta_p t} + Q_p \sin (p\omega t - \Psi_p)$$

α_p et β_p étant les racines de l'équation $Lx^2 + Rx + \frac{1}{C} = 0.$

Ces quantités peuvent du reste être réelles ou imaginaires, et la solution générale comporter une suite soit d'exponentielles, soit de termes sinusoïdaux ; on a de plus

$$Q_p = \frac{1}{\omega} \cdot \frac{E_p}{\sqrt{R^2 + \omega^2 L^2 \left(1 - \frac{1}{\omega^2 LC}\right)^2}}$$

$$\mathrm{tg}\,(\Psi_p - \varphi_p) = \frac{\left(L\omega - \frac{1}{\omega C}\right)}{R}$$

Remarquons que tout se passe comme si le circuit était le siège de deux déplacements d'électricité distincts, le premier représenté par $\Sigma (A_p e^{\alpha_p t} + B_p e^{\beta_p t})$, le second par $\Sigma Q_p \sin (p\omega t - \Psi_p)$. Le premier s'effectue sous l'action d'une force électromotrice $\Sigma \varepsilon$ nulle, puisqu'il correspond à la solution de l'équation privée de second membre. Le condensateur éprouve cependant des variations de charge qui donnent lieu aux mouvements électriques correspondants. En effet, si par exemple le courant était seulement de la forme $j = J \cos \omega t$, la charge du condensateur serait, en prenant l'intégrale suivante de $\frac{T}{2}$ à t,

$$\int_{\frac{T}{2}}^{t} j\,dt = \frac{1}{\omega} J \sin \omega t + \frac{1}{\omega} J,$$

la différence de potentiel aux bornes du condensateur serait de même,

$$V = \frac{1}{\omega C} J \sin \omega t + \frac{1}{\omega C} J.$$

BARBILLION. Courants alternatifs. 2

D'après la formule générale $e = Ri + L \dfrac{di}{dt} + V$ nous aurions donc pour la force électromotrice aux bornes du circuit

$$e = R\mathfrak{J} \cos \omega t - \omega \left(L - \frac{1}{\omega^2 C} \right) \mathfrak{J} \sin \omega t + \frac{1}{\omega C} \mathfrak{J}.$$

L'expression de cette force électromotrice devrait contenir un terme constant, ce qui, nous l'avons vu, est impossible. Ce terme devra donc disparaître. La destruction de cette charge s'effectuera au moyen des courants passagers qui précèdent l'établissement du régime permanent, et elle entraînera la perte d'énergie $\dfrac{I^2}{2\omega^2 C}$, de même que la self-induction d'un circuit, dans les mêmes conditions, provoque la perte d'une énergie $\dfrac{1}{2} L I^2$.

Les mouvements électriques dus à la disparition de cette charge s'amortissent toujours très rapidement. On peut donc écrire, si l'on pose

$$\rho = \sqrt{R^2 + \omega^2 \left(L - \frac{1}{\omega^2 C} \right)^2}$$

$$q_p = \frac{1}{\omega} \frac{E_p}{\rho} \sin (p\omega t - \Psi_p)$$

et par suite

$$i_p = \frac{dq_p}{dt} = \frac{E_p}{\rho} \cos (p\omega t - \Psi_p)$$

d'où

$$i = \sum i_p = \sum \frac{E_p}{\rho} \cos (p\omega t - \Psi_p).$$

Si l'on s'arrête au premier terme de la série, on a

$$i_1 = \frac{e_1}{\rho} \cos (\omega t - \Psi_1)$$

ce qui est le cas d'un courant réduit à l'onde fondamentale, et dépourvu d'harmoniques.

Phase. — Les différents termes de l'intensité présentent par rapport aux termes correspondants de la tension des différences de phase. On peut écrire

$$e = \Sigma E_p \sin (p\omega t - \varphi_p)$$
$$i = \Sigma I_p \sin (p\omega t - \Psi_p)$$

d'où pour l'énergie débitée

$$\int_0^t eidt = \Sigma \int_0^t E_p\, I_p\, \sin(p\omega t - \varphi_p)\, \sin(p\omega t - \Psi_p)\, dt$$

ou comme on le constate aisément, au bout d'une période,

$$\int_0^t eidt = \frac{1}{2}\sum E_p\, I_p\, \cos(\varphi_p - \Psi_p).$$

Forme de l'onde électrique et harmoniques de cette onde. — La forme de l'onde est déterminée par les divers termes de la série de Fourier qu'il convient d'ajouter au premier, pour avoir la valeur de l'intensité dans chaque cas. La présence d'harmoniques a généralement pour effet d'augmenter la tension maximum existant entre des points déterminés du circuit. La distance explosive est donc accrue. Imaginons que par suite de circonstances spéciales souvent rencontrées dans la production de courants alternatifs par les machines d'induction, l'harmonique de rang p soit renforcée. — On aura pour la tension totale $V = V_1 \sin \omega t + V_p \sin p\omega t$ en supposant pour simplifier qu'il n'y ait pas de décalage, c'est-à-dire de différence de phase, entre le premier et le second terme.

La tension efficace que nous définirons plus loin est $V_{eff} = \sqrt{V_{1\,eff}^2 + V_{p\,eff}^2}$ et la tension maxima $V_{max} = V_1 + V_p$.

Quand $V_1 = V_p$, la limite du rapport de ces tensions est

$$\frac{V_{max}}{V_{eff}} = \sqrt{2}$$

mais ce rapport peut avoir toutes les valeurs possibles suivant celles du rapport $\frac{V_p}{V_1}$.

L'appareil de mesure idéal pour le courant alternatif devrait posséder une self-induction nulle. Tels sont les électromètres. Mais leur emploi est impossible quand il y a des variations de tension dues à des harmoniques, car ils deviennent alors le siège d'étincelles. Les appareils branchés sur un réseau sont disposés généralement de telle sorte que le courant de pulsation ω sous une tension efficace $V_{1\,eff}$ exerce seul un effet utile. — Ce que l'on peut et l'on doit s'attacher à maintenir constant, c'est la différence de potentiel fondamentale efficace, tout comme s'il n'y avait pas d'harmonique.

B. **Etude d'un circuit parcouru par un courant alternatif simple
sinusoïdal.** — Dans tout ce qui va suivre, nous supposerons
que le courant fourni est sinusoïdal, c'est-à-dire de la forme
$i = I \sin(\omega t - \varphi)$, si la tension sous laquelle s'établit ce courant est donnée par $c = E \sin \omega t$. Cette condition peut toujours
être sensiblement réalisée avec les machines industrielles.

Considérons un circuit parcouru (fig. 10) par le courant
obtenu en branchant ce circuit sur une source de potentiel efficace constant, $e = E \sin \omega t$. Soient $R_1, L_1 R_2, L_2$ les résistances
et self-inductions des deux parties du circuit. Soit q la quantité

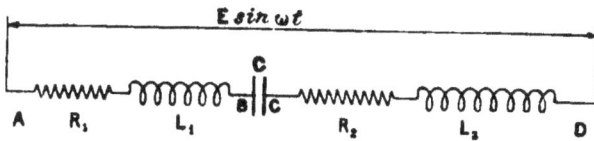

Fig. 10.

d'électricité qui passe dans le condensateur C pour le charger.
L'intensité $\dfrac{dq}{dt}$ est la même dans les deux branches puisque
les deux faces du plateau comportent toujours des quantités
d'électricité égales et de signes contraires.

On a aisément, si V_A, V_B, V_C, V_D sont les potentiels respec-
tifs des points A, B, C, D.

(1)
$$\begin{cases} V_A - V_B = R_1 i + L_1 \dfrac{di}{dt} \\[2mm] V_C - V_D = R_2 i + L_2 \dfrac{di}{dt} \end{cases}$$

d'où, comme $V_A - V_D = E \sin \omega t$

(2) $E \sin \omega t = i (R_1 + R_2) + (L_1 + L_2) \dfrac{di}{dt} + (V_B - V_C)$

mais

(3) $Q = (V_B - V_C) C$

d'où, si $R = R_1 + R_2, \ L = L_1 + L_2,$

(4) $\dfrac{d(E \sin \omega t)}{dt} = L \dfrac{d^2 i}{dt^2} + R \dfrac{di}{dt} + \dfrac{i}{C}.$

La solution de cette équation est

(5) $i = I \sin(\omega t - \varphi)$

$$(6) \quad \text{avec} \quad \begin{cases} I = \dfrac{E}{\sqrt{R^2 + L^2\omega^2\left(1 - \dfrac{1}{\omega^2 C L}\right)^2}} \\[3em] \text{tg}\,\varphi = \dfrac{L\omega - \dfrac{1}{\omega C}}{R}. \end{cases}$$

Les valeurs maxima du courant et de la force électromotrice sont les coefficients I et E.

Cherchons les valeurs efficaces de ces éléments, c'est-à-dire celles relatives à un courant continu développant par seconde la même quantité de chaleur de Joule dans une résistance donnée.

Nous aurons

$$(7) \quad \begin{cases} I_{\text{eff}} = \sqrt{\dfrac{1}{T}\int_0^T i^2 dt} = \dfrac{I}{\sqrt{2}}, \\[2.5em] E_{\text{eff}} = \sqrt{\dfrac{1}{T}\int_0^T e^2 dt} = \dfrac{E}{\sqrt{2}}. \end{cases}$$

Nous pouvons encore définir l'intensité moyenne et la force électromotrice ou la tension moyenne, par les deux équations

$$(8) \quad \begin{cases} I_{\text{moy}} = \dfrac{1}{\left(\dfrac{T}{2}\right)}\int_0^{\frac{T}{2}} i\,dt = \dfrac{2}{\pi}\,I, \\[3em] E_{\text{moy}} = \dfrac{1}{\left(\dfrac{T}{2}\right)}\int_0^{\frac{T}{2}} e\,dt = \dfrac{2}{\pi}\,E. \end{cases}$$

La notion du décalage de l'intensité par rapport à la force électromotrice ou à la tension suffit évidemment pour l'expression analytique de tous les phénomènes rencontrés dans l'étude des courants alternatifs.

On a cependant l'habitude de présenter parfois sous une autre forme, les relations fondamentales qui existent entre la tension et le courant, dans un circuit inductif.

Dans l'expression de l'intensité $i = \mathrm{I} \sin (\omega t - \varphi)$ nous pouvons poser, avons-nous vu,

$$(9) \quad \mathrm{I} = \frac{\mathrm{E}}{\sqrt{\mathrm{R}^2 + \mathrm{L}^2\omega^2}}, \quad \cos \varphi = \frac{\mathrm{R}}{\sqrt{\mathrm{R}^2 + \mathrm{L}^2\omega^2}}, \quad \sin \varphi = \frac{\mathrm{L}\omega}{\sqrt{\mathrm{R}^2 + \mathrm{L}^2\omega^2}};$$

le courant peut donc s'exprimer, si

$$(10) \quad \mathrm{A} = \frac{\mathrm{E R}}{\sqrt{\mathrm{R}^2 + \mathrm{L}^2\omega^2}}, \quad \mathrm{B} = \frac{\mathrm{E L}\omega}{\sqrt{\mathrm{R}^2 + \mathrm{L}^2\omega^2}},$$

par la formule

$$(11) \quad \begin{cases} i = \mathrm{A} \sin \omega t - \mathrm{B} \cos \omega t \\ i = \mathrm{A} \sin \omega t + \mathrm{B} \sin \left(\omega t - \dfrac{\pi}{2}\right). \end{cases}$$

C'est donc la somme de deux courants, dont l'un $\mathrm{A} \sin \omega t$ est en concordance de phase avec la force électromotrice. Il lui correspond une puissance dont la valeur en watts est égale au produit de la force électromotrice en volts par le courant en ampères. Ce courant est dit watté. Il donne lieu à un travail $\mathcal{C}$ qui, pendant une période, est égal à

$$\int_0^{\mathrm{T}} \frac{\mathrm{E}^2\mathrm{R}}{\sqrt{\mathrm{R}^2 + \mathrm{L}^2\omega^2}} \sin^2 \omega t \; dt$$

c'est-à-dire en intégrant, à $\dfrac{1}{2} \dfrac{\mathrm{E}^2\mathrm{R}}{\mathrm{R}^2 + \mathrm{L}^2\omega^2}$ d'où enfin

$$(12) \quad \mathcal{C} = \frac{1}{2} \frac{\mathrm{E}^2 \cos \varphi}{\sqrt{\mathrm{R}^2 + \mathrm{L}^2\omega^2}}.$$

Quant au second, qui a pour valeur $\mathrm{B} \cos \omega t$, il est dit déwatté. Il ne lui correspond la production d'aucun travail, car l'intégrale

$$(13) \quad \mathcal{C}' = \int_0^{\mathrm{T}} \frac{\mathrm{E}^2\mathrm{R}}{\mathrm{R}^2 + \mathrm{L}^2\omega^2} \sin \omega t \cos \omega t \; dt$$

a une valeur nulle. Mais la présence de ce courant déwatté est rendue nécessaire par la nature même du circuit inductif. — Remarquons cependant que cette self-induction, si elle ne détermine pas une consommation effective d'énergie, a cependant pour effet de réduire dans le rapport $\cos \varphi$ le travail que pourrait fournir un courant $\mathrm{I} \sin \omega t$ sous une tension $\mathrm{E} \sin \omega t$.

Si le circuit possède une capacité C il suffit évidemment de rel placer dans les expressions précédentes la quantité L par la suivante $L' = L - \dfrac{1}{\omega^2 C}$.

Nous venons de voir qu'au moyen de condensateurs et de bobines de self-induction, c'est-à-dire présentant un grand nombre de spires et de résistance négligeable, on peut déterminer une différence de phase entre la tension et le courant.

Il est de même possible d'élever la tension entre deux points du circuit, bien que la différence de potentiel efficace aux deux bornes de distribution soit constante.

La possibilité de tels effets explique bien des accidents constatés dans des distributions alternatives à câbles concentriques. Ceux-ci jouent le rôle d'une self-induction négative, dont l'influence tend à contre-balancer la self-induction des appareils branchés sur le réseau. Nous avons écrit

(6)
$$I = \frac{E}{\sqrt{(R_1 + R_2)^2 + \left(L_1 + L_2 - \dfrac{1}{\omega^2 C}\right)^2 \omega^2}}.$$

Nous pourrons toujours disposer de la capacité C de telle sorte que la tension maximum V développée entre A, B soit égale à n fois la tension maximum existant entre A, D. — Nous aurons alors, si $V = nE$,

$$n^2\left[(R_1 + R_2)^2 + \left(L_1 + L_2 - \dfrac{1}{\omega^2 C}\right)^2 \omega^2\right] = (R_1^2 + \omega^2 L_1^2).$$

On constate aisément que cette condition peut toujours être satisfaite, tant que

$$\frac{R_1^2 + \omega^2 L_1^2}{(R_1 + R_2)^2} \geq n^2.$$

Pour la valeur $C = \dfrac{1}{\omega^2 (L_1 + L_2)}$ de la capacité, il y aura concordance de phase entre la force électromotrice et le courant.

On peut de même, au moyen de deux condensateurs, produire dans deux circuits inductifs en dérivation sur une même différence de potentiel alternative, deux courants dont la différence de phase est $\dfrac{\pi}{2}$. Soit $i_1 = 1 \sin \omega t$ et $i_2 = I \cos \omega t$.

— Disposons deux condensateurs de capacités respectivement égales à C et C' dans les branches de même résistance R et de même self-induction L. Nous aurons pour les conditions cherchées,

$$C = \frac{1}{\omega (R + \omega L)} \quad \bigg| \quad E = RI \sqrt{2}$$

$$C' = \frac{1}{\omega (\omega L - R)} \quad \bigg| \quad \operatorname{tg} \varphi = -1.$$

Effets de résonance dans un circuit à courant alternatif [1]. — On sait que si l'on vient à produire un son dans le voisinage d'une corde dont la période d'oscillation propre soit celle du son, cette corde entre en vibration. — L'amplitude des oscillations est régie par la valeur de l'amortissement du système vibrant, et est indépendante des forces d'inertie. —

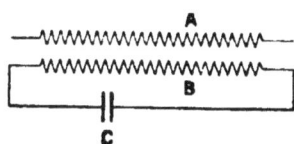

Fig. 11.

On peut voir de même que si l'on émet un certain nombre de sons dans le voisinage d'une série de cordes, chaque corde ne sera affectée que par le son dont la période reste la même que celle de ses oscillations propres.

De même, considérons deux circuits A et B dont le coefficient d'induction mutuelle est M, et soit L le coefficient de self-induction de B (fig. 11). La force électromotrice d'induction développée dans B a pour expression

$$\omega M I \cos \omega t.$$

L'amplitude des oscillations du courant d'induction circulant dans B est donc

$$\frac{\omega M I}{\sqrt{R^2 + \omega^2 \left(L - \dfrac{1}{\omega^2 C}\right)^2}}$$

---

[1] **On conçoit l'immense importance de ces propriétés de résonance**, notamment au point de vue de la téléphonie. M. Leblanc, dès 1891, avait proposé d'employer une ligne de deux fils à l'échange simultané d'un grand nombre de communications. Le poste de départ comprend un certain nombre de circuits A, B, C, correspondant respectivement aux circuits A' B' C' du poste d'arrivée. Ainsi donc, si un son est émis dans le microphone du circuit A, le circuit A', seul accordé pour le courant correspondant, restitue ce son au poste d'arrivée. Un nombre indéfini de communications, au moins en théorie, peuvent donc s'échanger simultanément.

et la quantité d'énergie consommée dans le circuit par seconde, ou puissance, sera

$$P = \frac{1}{2} R . \frac{\omega^2 M^2 I^2}{R^2 + \omega^2 \left(L - \frac{1}{\omega^2 C} \right)^2}.$$

On peut toujours s'arranger de telle sorte que $C = \frac{1}{\omega^2 L}$. Nous avons donc simplement dans ce cas $2 PR = \omega^2 M^2 I^2$.

On voit que l'on peut rendre la quantité précédente aussi petite que l'on veut, même en faisant M et I très petits, pourvu que T ait une valeur suffisamment grande. On peut de même dans le voisinage d'un circuit parcouru par le courant $i = I_1 \sin(\omega t - \varphi_1) + \ldots + I_n \sin(n\omega t - \varphi_n)$ disposer des circuits tels que chacun d'eux entre en résonance pour un courant $I_p \sin(p\omega t - \varphi_p)$. Il suffit pour cela que les relations suivantes soient satisfaites

$$C_1 = \frac{1}{\omega^2 L_1}, \ldots, C_p = \frac{1}{\omega^2 L_p}, \ldots, C_n = \frac{1}{\omega^2 L_n}.$$

C. Courants polyphasés et champs tournants. — Le courant alternatif simple que nous avons étudié est dit monophasé. Le champ produit par une bobine sans fer constituée par un enroulement parcouru par un courant i est, avons-nous vu, de la forme $\Phi_0 i$, Φ_0 étant une constante. Ce champ peut être représenté par un vecteur de direction constante perpendiculaire au plan des spires, mais de grandeur variant de $\Phi_0 I$ à $-\Phi_0 I$, I étant la valeur maxima du courant. On peut composer les champs produits par deux ou plusieurs enroulements. Les règles de la composition des forces sont en effet applicables à ces vecteurs. La grandeur et la direction de la résultante de ces champs varieront en général à chaque instant.

Remarquons cependant que dans le cas où l'on considère non plus les champs, mais les inductions développées dans les noyaux de fer que peuvent comporter les bobines, les champs d'induction $\Phi_0 i\mu$, $\Phi'_0 i' \mu'$ etc., ne peuvent plus se composer directement, puisque μ, μ', etc., sont respectivement fonctions de $\Phi_0 i$, $\Phi'_0 i'$,.... etc. Si les bobines sont par exemple superposées sur le même noyau de fer, la résultante aura la direction commune des champs, et la perméabilité effective sera fonction à chaque instant de la somme algébrique des valeurs des champs.

$$\mathfrak{M} = f\left(\Phi_0 i + \Phi'_0 i' + \ldots\right)$$

D'une manière générale on peut considérer un certain nombre de champs dans l'espace, distribués d'une manière absolument quelconque, les valeurs I et ω variant pour chaque bobine. Il est particulièrement simple de prendre des valeurs identiques de ces éléments pour chaque champ, et de répartir les directions de ces champs égaux suivant les rayons d'un polygone régulier. Les champs sont généralement constitués dans les machines d'induction par deux bobines enroulées en sens contraire, symétriques par rapport à l'axe de la machine ou par rapport à un plan perpendiculaire à cet axe. Les actions de ces bobines s'ajoutent donc, et se composent en un seul champ. Il en résulte que dans le cas d'un polygone convexe d'un nombre pair $n = 2n'$ de côtés, n champs décalés de $\left(\dfrac{\pi}{n}\right)$ suffiront à fermer le polygone, puisque à une bobine donnée correspond une bobine symétrique de la précédente. Tel est le cas de deux champs diphasés, c'est-à-dire constitués par des courants décalés de 90° l'un par rapport à l'autre. — Leurs intensités peuvent être représentées par

$$(1) \qquad i_1 = \text{I} \sin \omega t, \qquad\qquad i_2 = \text{I} \sin\left(\omega t + \frac{\pi}{2}\right).$$

Dans le cas d'un polygone d'un nombre impair de côtés, soit $n = (2n' + 1)$, il y a par exemple autant de bobines dextrorsum, que de côtés, puis à chacune d'elles correspond une bobine sinistrorsum symétrique. Par suite $(2n' + 1)$ courants, respectivement décalés de $\dfrac{2\pi}{2n'+1}$, sont nécessaires pour fermer le polygone. Tel est le cas de champs triphasés, constitués par trois bobines parcourues respectivement par les courants

$$(2) \qquad i_1 = \text{I} \sin \omega t, \quad i_2 = \text{I} \sin\left(\omega t + \frac{2\pi}{3}\right), \quad i_3 = \text{I} \sin\left(\omega t + \frac{4\pi}{3}\right).$$

On démontre, et c'est du reste la conséquence d'une propriété trigonométrique connue, que les $(2n' + 1)$ courants constituant les champs de cette dernière catégorie ont une somme constamment nulle. Au contraire, les $2n'$ courants polyphasés d'ordre pair, décalés d'angles respectivement égaux à $\dfrac{\pi}{n}$, ont une résultante différente de o et égale à

$$\frac{\sin\left(\omega t + \frac{n-1}{2}\,\frac{\pi}{n}\right)}{\sin\dfrac{\pi}{n}}.$$

Il en résulte qu'au moins théoriquement, si l'on utilise dans une transmission d'énergie, des courants à $(2\,n'+1)$ phases, il n'est pas nécessaire, lorsque les courants sont rigoureusement égaux et décalés de $\left(\dfrac{2\pi}{2n'+1}\right)$, de conserver un fil de retour, puisque le courant résultant est nul. Par contre, un fil de retour de section renforcée est nécessaire pour les courants déterminant les champs polyphasés d'ordre pair.

Champs diphasés. — Les deux courants

$$i_1 = \text{I} \sin \omega t, \qquad\qquad i_2 = \text{I} \sin\left(\omega t + \frac{\pi}{2}\right),$$

créent deux champs

(3)
$$\begin{cases} \Phi_0\,\text{I}\sin\omega t = \text{H}_1 \\ \Phi_0\,\text{I}\cos\omega t = \text{H}_2 \end{cases}$$

qui se composent en une résultante

(4)
$$\Phi_0\,\text{I} = \sqrt{\text{H}_1^2 + \text{H}_2^2}.$$

Ce vecteur représente un champ constant tournant avec une vitesse angulaire ω, égale à la pulsation du courant.

Champs triphasés. — Aux trois courants

$$i_1 = \text{I} \sin \omega t, \quad i_2 = \text{I} \sin\left(\omega t + \frac{2\pi}{3}\right), \quad i_3 = \text{I} \sin\left(\omega t + \frac{4\pi}{3}\right),$$

correspondent les champs

(5)
$$\Phi_0\,\text{I}\sin\omega t = \text{H}_1,$$

$$\Phi_0\,\text{I}\sin\left(\omega t + \frac{4\pi}{3}\right) = \text{H}_3. \qquad \Phi_0\,\text{I}\sin\left(\omega t + \frac{2\pi}{3}\right) = \text{H}_2,$$

En projetant sur deux axes rectangulaires OX, OY, le premier dirigé suivant H_1, le second perpendiculaire à H_1, et dont la direction positive est telle que les angles ωt, $\omega t + \dfrac{2\pi}{3}$, $\omega t + \dfrac{4\pi}{3}$, croissent quand on passe de OX à OY, on constate aisément que les composantes du champ équivalent sont

$$(6) \qquad X = \frac{3}{2}\ \Phi_0\ I\ \sin \omega t, \qquad\qquad Y = \frac{3}{2}\ \Phi_0\ I\ \cos \omega t.$$

Tout se passe donc comme si le champ constant $\dfrac{3}{2}\Phi_0\ I$ tournait dans l'espace avec la vitesse ω.

D. Application aux courants alternatifs de la méthode de calcul des imaginaires. — La plupart des questions relatives aux courants alternatifs sont souvent extrêmement simplifiées par l'application à ces problèmes des procédés de calcul employés pour les quantités complexes.

Imaginons un circuit parcouru par un courant alternatif. Portons sur l'axe des x (fig. 12) la force électromotrice ins-

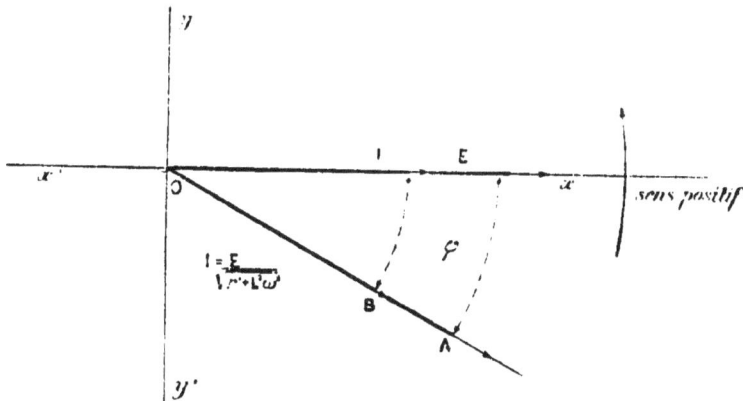

Fig. 12.

tantanée E supposée maxima pour le temps $t = 0$. Portons de même la valeur maxima de l'intensité I, généralement en retard sur la force électromotrice, suivant un vecteur faisant avec Ox un angle φ égal à la différence de phase existant entre ces deux quantités. Cet angle φ sera considéré comme négatif dans le cas d'une avance de phase de l'intensité par rapport à la force électromotrice, et il sera positif dans le cas contraire.

Considérons la quantité imaginaire

$$I (\cos \varphi - \sqrt{-1} \sin \varphi)$$

et posons

$$\cos \varphi = \frac{r}{\sqrt{r^2 + L^2 \omega^2}}, \qquad \sin \varphi = \frac{L\omega}{\sqrt{r^2 + L^2 \omega^2}},$$

r et L représentent les résistance et self-induction du circuit considéré.

La partie réelle du vecteur OB, soit

$$(1) \qquad \frac{E}{\sqrt{r^2 + L^2 \omega^2}} \cdot \frac{r}{\sqrt{r^2 + L^2 \omega^2}} = I \cos \varphi$$

nous donne l'intensité pour $t = 0$.

Imaginons maintenant que le système xOA tourne dans le sens de la flèche autour du point O avec la vitesse ω.

Nous pourrons représenter les deux imaginaires qui ont pour module OE et OI par les expressions

$$(2) \quad \begin{cases} [e] = E (\cos \omega t + \sqrt{-1} \sin \omega t) \\ [i] = \dfrac{E}{\sqrt{r^2 + L^2 \omega^2}} (\cos \omega t + \sqrt{-1} \sin \omega t)(\cos \varphi - \sqrt{-1} \sin \varphi) \end{cases}$$

ou pour la seconde

$$\frac{E}{\sqrt{r^2 + L^2 \omega^2}} \left[\cos (\omega t - \varphi) + \sqrt{-1} \sin (\omega t - \varphi) \right].$$

Les parties réelles $E \cos \omega t$ et $\dfrac{E}{\sqrt{r^2 + L^2 \omega^2}} \cos (\omega t - \varphi)$ de ces imaginaires peuvent donc exprimer la force électromotrice et l'intensité à chaque instant. Convenons de représenter par les mêmes lettres entre crochets, par exemple $[E]$, les valeurs imaginaires correspondant aux quantités réelles figurées par les notations habituelles, soit E. Nous pourrons écrire

$$(3) \qquad \frac{[E]}{\sqrt{r^2 + \omega^2 L^2}} \cdot \frac{(r - \sqrt{-1} L\omega)}{\sqrt{r^2 + \omega^2 L^2}} = [I]$$

ou

$$\frac{[E]}{r + \sqrt{-1} L\omega} = [I].$$

Soit

$$(4) \qquad [\varphi] = r + \sqrt{-1} L\omega.$$

Nous pourrons écrire aussi

(5)
$$[I] = \frac{[E]}{[\rho]}.$$

Cette égalité entre les valeurs instantanées est analogue à la loi d'Ohm dans le cas d'un courant continu. Nous allons montrer que ces quantités satisfont de même aux lois de Kirchoff.

La première loi $\Sigma\, i = 0$ s'applique sans difficulté aux valeurs instantanées. La condition $\Sigma\, [i] = 0$ revient à ces deux autres, $\Sigma a = 0$, $\Sigma b = 0$, si l'on pose $\Sigma[i] = \Sigma a + \sqrt{-1}\, b$.

Ainsi donc, la première loi $\Sigma\, [i] = 0$ est satisfaite, si l'on a séparément $\Sigma a = 0$, $\Sigma b = 0$.

La deuxième loi de Kirchoff serait dans le cas des courants continus $\Sigma e = \Sigma ri$.

Dans le cas de courants alternatifs, nous avons en plus des forces électromotrices extérieures, à considérer les forces électromotrices de self-induction et dans certains cas, d'induction mutuelle. Appelons respectivement $\Sigma\, e_{ex}$ et $\Sigma\, e_L$ les forces électromotrices extérieures et de self-induction. Nous aurons, puisque ces dernières peuvent s'écrire $\sum L \dfrac{di}{dt}$,

(6)
$$\sum e_{ex} = \sum \left(ri + L \frac{di}{dt} \right).$$

Soit

(7)
$$i = I \left[\cos(\omega t - \varphi) + \sqrt{-1}\, \sin(\omega t - \varphi) \right].$$

On peut alors écrire.

(8)
$$\sum \left(ri + L \frac{di}{dt} \right) = I \left(r + \sqrt{-1}\, L\omega \right) \left[\cos(\omega t - \varphi) \right.$$
$$\left. + \sqrt{-1}\, \sin(\omega t - \varphi) \right]$$

ou comme

$$\cos\varphi = \frac{r}{\sqrt{r^2 + L^2\omega^2}}, \qquad \sin\varphi = \frac{L\omega}{\sqrt{r^2 + L^2\omega^2}}$$

(9)
$$\Sigma\, [e_{ex}] = \Sigma\, [\rho]\, [I]$$

ce qui vérifie la deuxième loi de Kirchoff dans le cas de quantités complexes dont les parties réelles représentent les éléments d'un courant alternatif.

Application. — Appliquons cette méthode à l'exemple d'un pont dont les quatre bras sont parcourus par des courants alternatifs. Soient $[\rho_1]$ $[\rho_2]$ $[\rho_3]$ $[\rho_4]$ les résistances complexes du pont (fig. 13); le galvanomètre est remplacé par un téléphone, qui reste silencieux tant que l'équilibre demeure établi. Celui-ci correspond à la condition

$$\frac{[\rho_1]}{[\rho_2]} = \frac{[\rho_3]}{[\rho_4]}$$

ou

(10)
$$\begin{cases} r_1 r_4 - r_2 r_3 = \omega^2 (L_1 L_4 - L_2 L_3) \\ \omega (r_1 L_4 + r_4 L_1) = \omega (L_2 r_3 + r_2 L_3). \end{cases}$$

On conçoit donc aisément, par ce simple exemple, l'extrême simplification qui résulte parfois de la méthode. Elle doit cependant être appliquée avec beaucoup de discernement, et il ne faut pas perdre de vue les conventions fondamentales dont nous sommes partis.

Cherchons par exemple l'expression de la puissance efficace développée dans un circuit à courant alternatif. Cette puissance a comme on sait, pour expression $E_{eff} I_{eff} \cos \varphi$. Con-

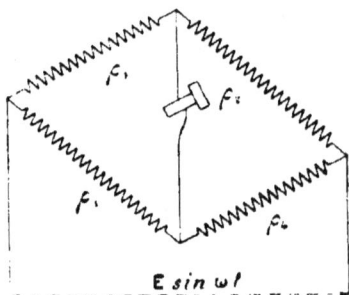

Fig. 13.

sidérons la puissance comme le produit des deux valeurs imaginaires $[E_{eff}]$ et $[I_{eff}]$ et supposons que l'on ait

$$[E_{eff}] = E_{eff} .$$
$$[I_{eff}] = I_{eff} (\cos \varphi - \sqrt{-1} \sin \varphi) ;$$

la puissance complexe a pour expression

(11)
$$[E_{eff}] [I_{eff}] = E_{eff} I_{eff} [\cos \varphi - \sqrt{-1} \sin \varphi]$$

et sa partie réelle est bien la puissance efficace $E_{eff} I_{eff} \cos \varphi$.

Mais si l'un des arguments des quantités $[E_{eff}]$ et $[I_{eff}]$ n'avait pas été nul, autrement dit, si, au cours d'un calcul, l'on avait été conduit à poser

(12)
$$\begin{cases} [E_{eff}] = E_{eff} (\cos \alpha - \sqrt{-1} \sin \alpha) \\ [I_{eff}] = I_{eff} (\cos \overline{\alpha - \varphi} - \sqrt{-1} \sin \overline{\alpha - \varphi}) \end{cases}$$

on aurait eu $[E_{eff}] [I_{eff}] = E_{eff} I_{eff} (\cos \overline{2\alpha - \varphi} + \sqrt{-1} \sin \overline{2\alpha - \varphi})$.

On doit donc, ou bien adopter d'autres coordonnées de manière à donner une valeur nulle à l'un des arguments, ou bien changer $\sqrt{-1}$ en $-\sqrt{-1}$ dans l'une ou l'autre des expressions $[\mathrm{E}_{\mathit{eff}}]$ et $[\mathrm{I}_{\mathit{eff}}]$.

CHAPITRE III

CLASSIFICATION DES MACHINES D'INDUCTION. — EXPRESSION DU TRAVAIL ÉLECTRO-MAGNÉTIQUE DÉVELOPPÉ DANS UNE MACHINE D'INDUCTION

Dans ce qui va suivre, nous supposerons que les courants employés sont de forme sinusoïdale. En général, on peut considérer une machine d'induction comme se composant de deux circuits pouvant se déplacer l'un par rapport à l'autre. Ces enroulements sont souvent montés sur des pièces de fer, en forme de couronne, et présentant des saillies régulièrement distribuées.

Dans le mouvement de l'un des enroulements par rapport à l'autre, la perméabilité des circuits magnétiques qui se ferment dans l'espace appelé entrefer compris entre les deux couronnes, est incessamment modifié (fig. 14) Ces saillies sont dénommées pôles et leurs enroulements sont en général de sens tel que la polarité change en passant d'un pôle au pôle suivant du même circuit.

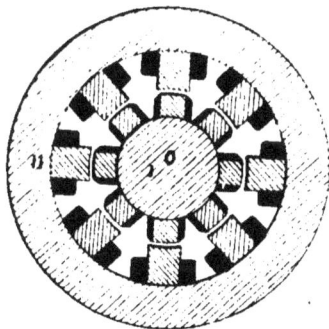

Fig. 14.

Cependant, dans certaines machines dites à fer tournant, ni l'un ni l'autre des deux circuits n'entrent en mouvement. Les variations de la perméabilité magnétique nécessaire à la production de flux alternatifs sont dues à la rotation d'une cloche de fer dentée autour de l'axe de la machine. Les dents de cette cloche viennent tour à tour ouvrir ou fermer les circuits magnétiques constitués par les pôles en regard.

Nous supposerons que l'on veut produire ou utiliser dans l'un des circuits un courant $i_2 = I_2 \sin \omega t$. Soient R_2, L_2, i_2, e_2, les résistance, self-induction, intensité et force électromotrice relatives à ce circuit, que nous appellerons secondaire (ou induit), R_1, L_1, i_1, e_1, les mêmes éléments correspondant à l'autre circuit, dit primaire (ou inducteur). Le secondaire sera toujours relié au circuit d'utilisation ou de distribution : dans certains cas, le primaire pourra au contraire rester fermé sur lui-même. Soit enfin m le coefficient d'induction mutuelle des deux circuits. D'après ce que nous avons vu, à un déplacement relatif infiniment petit des deux circuits correspond un travail électromagnétique,

$$(1) \qquad dT = \frac{1}{2}\left[i_1^2\, dL_1 + 2 i_1 i_2\, dm + i_2^2\, dL_2 \right].$$

Pour que la machine donne lieu à un travail utile, il faut que l'intégrale correspondante prise de o à t augmente indéfiniment avec le temps.

Or nous avons vu, à propos des machines à courant continu, que les balais constituent un commutateur dont le rôle est de modifier incessamment la constitution du circuit tournant. Mais cette constitution, en un point donné de l'espace, reste la même. Quand les balais frottent sur deux touches consécutives du collecteur, des spires sont mises en court-circuit, et de nouvelles spires introduites à leur place. Si la machine est pourvue d'un commutateur, L_1 et L_2, restent donc constants. Si la machine n'en comporte pas, L_1 et L_2 peuvent varier périodiquement, mais il convient de rendre ces variations les plus faibles possible pour diminuer les pertes d'énergie $\frac{1}{2} L_1 i_1^2$, $\frac{1}{2} L_2 i_2^2$ sous forme d'étincelles.

On pourra toujours supposer que le travail est p   n dehors des termes $\int_0^t i_1^2\, dL_1$, $\int_0^t i_2^2\, dL_2$.

Soit donc ce travail $d\mathcal{C} = i_1 i_2\, dm$.

Soit $i_2 = I_2 \sin \omega t$, ω représentant la pulsation du courant, c'est-à-dire $\frac{2\pi}{T}$, si T en est la période ; le travail aura pour expression $\qquad \mathcal{C} = \int_0^t I_2 \sin \omega t\, i_1\, dm$.

Pour que cette expression grandisse indéfiniment, il faut que $i_1 \dfrac{dm}{dt}$ soit une fonction du temps de période T.

D'où trois genres de machines : celles dans lesquelles,

1° i_1 est une constante ;

2° i_1 est une fonction de période T ;

3° i_1 est une fonction de période quelconque.

Quant au mode d'utilisation du travail mécanique produit par la rotation de l'un des circuits, on voit que si l'expression de T est positive, on recueille effectivement un travail mécanique, la machine fonctionnant comme moteur ; si cette expression est plus petite que o, la machine absorbe un travail mécanique et joue le rôle de génératrice.

La génératrice est en général entraînée par un moteur à gaz, à vapeur, à pétrole, par une turbine, etc. Son circuit secondaire ou inducteur est couplé sur le réseau que la machine alimente. De même, dans les moteurs, le circuit secondaire toujours branché sur la distribution, en reçoit le courant nécessaire à la production d'un couple électromagnétique qui rend disponible une puissance mécanique déterminée à l'arbre du moteur.

A. Machines du premier genre. $i_1 = C^e$. — Soit $i_1 = I_1$. Le coefficient d'induction mutuelle et la force électromotrice développée dans le circuit secondaire ont respectivement pour expression, dans le cas d'une machine dont les deux circuits comprennent chacun $2n$ pôles, et dont la vitesse de rotation est Ω,

$$(1) \qquad m = M \sin (n\Omega)\, t,$$

$$(2) \qquad e_2 = n\Omega\, MI_1 \cos (n\Omega)\, t.$$

Au lieu d'un circuit secondaire, on peut de même considérer une machine comportant un ensemble de n circuits parcourus par des courants polyphasés.

α. *Génératrices.* — Ces machines fournissent alors un courant de période $\dfrac{1}{n\Omega}$, car l'intégrale $\displaystyle\int_0^t I_2 \sin \omega t MI_1 \sin (n\Omega)\, t\, dt$ étant différente de O, il faut que $\omega = n\Omega$.

Ces machines s'accouplent facilement en dérivation mais non pas en série, du moins sans qu'on leur ait apporté des modifications spéciales que nous étudierons plus loin.

Impossibilité du couplage en série. — Soient deux machines d'induction pour lesquelles les valeurs complexes des forces électromotrices maxima développées aux bornes secondaires soient les suivantes, présentant entre elles une différence de phase Φ,

(3) $$[e_2] = E_2,$$

(4) $$[e'_2] = E_2 \left[\cos \Phi - \sqrt{-1} \sin \Phi\right].$$

Soient enfin $[R]$ et $[L]$ les résistance et self-induction complexes du circuit constitué par les deux machines en série, c'est-à-dire $(r' + 2r)$ et $(l' + 2l)$, si r et l sont les éléments correspondant à chaque alternateur, r' et l' ceux correspondant au circuit extérieur. Soit enfin $[i]$ la valeur complexe du courant maximum circulant dans le circuit, à savoir

(5) $$[i] = I \left(\cos \Psi - \sqrt{-1} \sin \Psi\right).$$

En utilisant la convention de signe indiquée relativement aux puissances, et formant l'expression de celle fournie par chaque alternateur, nous avons pour l'alternateur en avance

(6) $$\frac{EI \cos \Psi}{2} = \frac{E^2}{2} \frac{[R(I + \cos \Phi) - \omega L \sin \Phi]}{(R^2 + \omega^2 L^2)} ;$$

pour l'alternateur en retard

(7) $$\frac{EI \cos(\Psi - \Phi)}{2} = \frac{E^2}{2} \frac{[2R + \omega L \sin \varphi]}{(R^2 + \omega^2 L^2)}.$$

La seconde machine qui est en retard tendra donc à fournir un travail plus grand que la première. La différence de phase croîtra jusqu'à l'opposition.

Les conclusions seraient cependant renversées si le coefficient de self-induction du circuit était rendu négatif par l'interposition d'une capacité C telle que $L - \dfrac{1}{\omega^2 C} > 0$.

Couplage en parallèle. — Admettons l'existence d'un certain décalage entre les deux alternateurs, e_2 étant en retard sur e_1. Conservons les mêmes notations que tout à l'heure, et appelons r et l les résistance et self-induction de l'induit de chacun des alternateurs, r' et l' les éléments correspondants du circuit extérieur, $[\rho]$ la quantité $r + \sqrt{-1}\omega l$ et $[R]$ la quantité $r' + \sqrt{-1}\omega l'$. Soient enfin i_1 et i_2 les courants circulant dans chaque alternateur, i le courant total dans le réseau. Nous pourrons poser, en employant les quantités complexes,

(8) $$[e_1] = [\rho][i_1] + [R][i]. \qquad [e_2] = [\rho][i_2] + [R][i].$$

Additionnons ces deux égalités. Il vient puisque $[i] = [i_1] + [i_2]$.

(9) $[e_1] + [e_2] = [\rho + 2R] [i]$ d'où $i = \dfrac{[e_1 + e_2]}{[\rho + 2R]}$.

Formons l'expression des puissances $[I_1] [E_1] = [P_1]$ et $[I_2] [E_2] = [P_2]$ fournies par chaque alternateur. N'en retenons que les parties réelles. Nous aurons

(10) $\begin{cases} P_1 = AE_1^2 + DE_1E_2 \sin\Phi + CE_1E_2 \cos\Phi, \\ P_2 = AE_1^2 - DE_1E_2 \sin\Phi + CE_1E_2 \cos\Phi, \end{cases}$

avec

(11) $\begin{cases} A = \dfrac{r}{2(r^2 + l^2\omega^2)} - \dfrac{2r' + r}{2[(2r' + r)^2 + (2l' + l)^2 \omega^2]}, \\[2mm] C = \dfrac{-r}{2(r^2 + l^2\omega^2)} + \dfrac{(2r' + r)}{2[(2r' + r)^2 + (2l' + l)^2 \omega^2]}. \\[2mm] D = \dfrac{l\omega}{2(r^2 + l^2\omega^2)} - \dfrac{(l + 2l')\omega}{2[(2r' + r)^2 + (2l' + l)^2 \omega^2]}. \end{cases}$

L'alternateur en retard fournira une quantité de travail plus petite que l'alternateur en avance. La stabilité du couplage en parallèle exige que $P_2 < P_1$ ou que $D > o$. A vide ou en circuit ouvert cette condition est remplie, car D est essentiellement positif. La stabilité sera d'autant plus grande que, pour une valeur donnée de l'angle Φ, D sera plus grand.

A vide

$$D = \frac{l\omega}{2(r^2 + l^2\omega^2)}.$$

Le maximum de cette expression correspond à la condition énoncée par Hopkinson, à savoir $r = l\omega$. Alors $D = \dfrac{1}{4r}$.

En réalité, la résistance intérieure r de l'alternateur est généralement très faible par rapport au terme $l\omega$, et la condition d'Hopkinson est rarement remplie. On aurait intérêt à diminuer au moins la valeur de ω, c'est-à-dire à augmenter la période T.

β. *Réceptrices.* — Le système fonctionnant, on doit supposer le synchronisme établi entre la vitesse de rotation de la machine et la pulsation du courant. Nous aurons donc encore dans le cas d'une machine à $2n$ pôles : $n\Omega = \omega$.

Soit $m = M \sin(\omega t - \varphi)$ le coefficient d'induction mutuelle des deux circuits, avec $n\Omega = \omega$, et P_m la puissance moyenne.

Nous pouvons écrire

$$(12) \qquad P_m = \frac{1}{T} \int_0^t i_2 I_1 dm.$$

En remplaçant les quantités par leurs valeurs, nous constaterons que P_m comprend une partie constante et une partie oscillatoire. Au bout d'un temps t très long, on peut supposer négligeable cette partie oscillatoire et écrire

$$(13) \qquad 2\, P_m = \omega M I_1 I_2 \cos \varphi.$$

La différence de phase se règle naturellement de manière qu'il y ait égalité entre les couples moteurs et les couples résistants. Cette égalité sera toujours possible à condition que le travail résistant soit constamment $\leqq \dfrac{\omega M\, I_1\, I_2}{2}$. Par raison de sécurité, on ne fait pas dépasser à $\cos \varphi$ la valeur $1/3$.

Telle est la principale cause du faible rendement des machines alternatives. Les matériaux qui y entrent sont utilisés pour des puissances beaucoup plus faibles, toutes choses égales du reste, que dans les machines à courant continu. La machine, à la suite d'une surcharge, se désynchronise et s'arrête. Si elle pouvait au contraire, retardée par cette surcharge accidentelle, reprendre ensuite d'elle-même le synchronisme, la valeur de $\cos \varphi$ pourrait être de beaucoup plus considérable. Malheureusement cette autosynchronisation n'est pas possible en général.

Oscillations des machines du premier genre couplées sur un réseau. — Considérons une machine du premier genre entraînée par un moteur à vapeur, par exemple. Le système par sa rotation doit assurer la création d'un travail qui, comme nous l'avons vu, comprend une partie constante et une partie périodique. Or le couple moteur dû à la machine qui entraîne la génératrice n'est lui-même généralement pas constant : le moteur ne conserve pas non plus une vitesse instantanée égale à sa vitesse moyenne. D'autre part, la masse tournante de la génératrice possède une période d'oscillations propres qui dépend de sa masse, de la grandeur des actions électro-magnétiques développées entre le circuit fixe et le circuit mobile. A un mouvement de rotation uniforme du système et à un couple moteur constant correspondrait la production d'un travail constant dans la génératrice. A ce mouvement uniforme se superpose le mouvement relatif du système par rapport à la position qu'il occuperait à chaque instant si sa vitesse restait la même. Ce mouvement peut être considéré comme dû à une portion variable du couple moteur qui représente à chaque instant la différence entre sa valeur instantanée et sa valeur moyenne. On conçoit aisément que, si la fréquence du couple variable et celle des oscillations propres du système viennent à coïncider, le système tournant puisse acquérir des mouvements oscillatoires très étendus. Il suffira pour cela d'une faible valeur du couple variable. La machine peut alors dépasser les positions d'équilibre stable relatif, et se désynchroniser, c'est-à-dire modifier de plus en plus sa vitesse par rapport à celle du synchronisme.

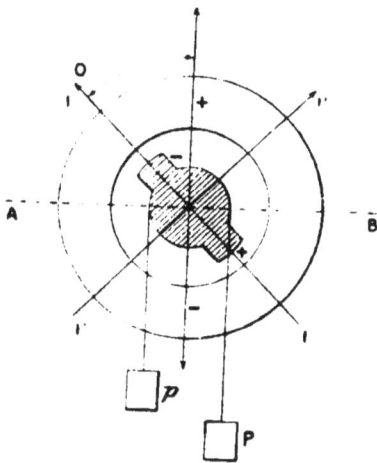

Fig. 15.

Le fonctionnement de la machine peut être assimilé au mouvement d'un système constitué par un aimant se déplaçant dans un anneau parcouru par un courant continu (fig. 15). Cet aimant est soumis à un couple périodique représenté dans l'espèce par deux poids P et p variant avec le temps, et montés sur une poulie entraînée avec l'aimant. En général, si la période de variation des poids et celle du mouvement propre de l'aimant sont les mêmes, et tant que le couple maximum sera inférieur à la valeur maxima de l'attraction magnétique qui s'exerce entre les pôles de l'aimant et ceux de l'anneau, nous aurons une position d'équilibre stable II, et la direction I'I' symétrique de II par rapport à AB constituera une position d'équilibre instable. Pour une valeur supérieure du couple, le système tournera de plus en plus vite et tout équilibre deviendra impossible.

On conçoit donc que la machine puisse se désynchroniser, quand l'amplitude des mouvements oscillatoires qui tendront à se superposer au mouvement de rotation uniforme atteindra une grande valeur. Cette résonance électromécanique est due, d'une part, à des causes immédiates multiples, variations du couple du moteur qui entraîne l'alternateur, passage des joints de courroie sur les poulies, d'autre part, aux variations lentes d'isochronisme des régulateurs des machines qui entraînent les générateurs. Montrons maintenant que la machine en général ne peut se synchroniser seule.

Considérons une machine d'induction bipolaire d'abord déchargée, c'est-à-dire telle que l'effort résistant qu'elle supporte soit nul. Soit $\mathfrak{J}$ le moment d'inertie de la partie tournante, et $C = C_0 \sin \omega t$ le couple moteur, θ l'angle décrit par l'armature à partir de la position où les pôles correspondants des deux circuits sont en regard.

On aura à chaque instant

$$(14) \qquad \mathfrak{J} \frac{d^2\theta}{dt^2} = C_0 \sin \omega t,$$

d'où

$$(15) \qquad \theta = - \frac{1}{\omega^2} \left(\frac{C_0}{\mathfrak{J}} \right) \sin \omega t \, ;$$

la machine ne pourrait se synchroniser que si $\dfrac{C_0}{\omega^2 \mathfrak{J}} \geqq \dfrac{\pi}{2}$.

Cette condition revient à l'emploi de courants de période très longue imposés par la grandeur même des coefficients d'induction.

Une machine ne se synchronisera donc pas d'elle-même, en général, en partant du repos.

Supposons la machine animée de la vitesse Ω. On pourra poser $\theta = \Omega t + \theta_0 \sin (\omega - \Omega) t$, d'où, comme

$$\mathfrak{J} \frac{d^2\theta}{dt^2} = C_0 \sin (\omega - \Omega) t,$$

$$\theta_0 = - \frac{C_0}{\mathfrak{J}} \cdot \frac{1}{(\omega - \Omega)^2} \cdot$$

On devra donc avoir encore $\theta_0 \geqq - \dfrac{\pi}{2}$.

L'écart maximum des vitesses $(\omega - \Omega)$ pour lequel la synchronisation est possible, est donnée par la condition

$$\frac{C_0}{\mathfrak{J}} \left(\frac{1}{\omega - \Omega} \right)^2 = \frac{\pi}{2} \cdot$$

En résumé, les machines du premier genre fournissent un excellent service lorsque chacune d'elles doit alimenter un

réseau distinct : leur couplage en parallèle est relativement
aisé, mais le couplage en série pratiquement irréalisable.

Comme réceptrices, elles ne peuvent démarrer seules : il
faut les lancer à la vitesse du synchronisme et les *accrocher*.
Enfin, comme nous l'avons vu, la puissance spécifique de ces
moteurs est faible, et leur rendement peu élevé.

B. Machines du deuxième genre. — Soient $i_1 = I_1 \sin(\omega t - \varphi)$
et $i_2 = I_2 \sin \omega t$ les courants qui traversent les deux circuits.
Le coefficient ω doit être alors une fonction du temps de la
forme $at + b$. La vitesse de rotation de ces machines est
indépendante de la période du courant qui les traverse. Ou
bien le coefficient m grandira indéfiniment, ou bien on lui lais-
sera prendre un accroissement déterminé, et on le ramènera
brusquement à sa valeur initiale au moyen d'un commutateur.

Les premières machines sont dites *unipolaires*. Nous ne les
décrivons pas, car elles ne présentent encore aucun intérêt
pratique, bien que fondées sur les principes intéressants de
l'induction unipolaire.

Le second type est constitué par les machines à courant
alternatif que l'on peut réaliser au moyen de machines à courant continu ordinaires, pourvues de collecteur et dont l'inducteur et l'induit seraient parcourus par des courants de même
période. Ces machines sont le siège d'une perte d'énergie considérable due à la grande self-induction des sections commutées et au développement de courants parasites dans les
masses métalliques.

C. Machines du troisième genre. — La vitesse de rotation est
quelconque : l'un des circuits, le secondaire, est parcouru par
un courant $i_2 = I_2 \sin \omega t$, avec $\omega = \dfrac{2\pi}{T}$. Dans le cas d'une
machine à $2n$ pôles, on pourra poser $m = M \sin[(n\Omega)t - \varphi]$.
L'intensité i_1 devra être telle que l'expression

$$(n\Omega)\, m\, i_1 \sin\left[(n\Omega)t - \varphi\right]$$

soit une fonction de période T.

On peut obtenir ce résultat de deux manières. Nous distinguerons donc :

  a. Machines à balais tournants ;
  b. Machine à champ tournant.

a. *Machines à balais tournants*. — Cette machine a été préconisée par M. Maurice Leblanc. Considérons pour plus de simplicité une machine bipolaire. Supposons que le secondaire soit le siège d'un courant $i_2 = I_2 \sin \omega t$ produit ou fourni. Faisons tourner le circuit inducteur ou primaire avec la vitesse Ω. Ce circuit est constitué par un anneau Gramme relié à un collecteur, autour duquel tourne, avec une vitesse relative $\omega = \dfrac{2\pi}{T}$ par rapport à ce collecteur, une paire de balais réunis par un court-circuit métallique. Dans ces conditions, le coefficient m d'induction mutuelle des deux circuits aura pour expression $m = M \sin (\omega t - \varphi)$, φ ne dépendant que de la position des balais dans l'espace quand le courant i_2 est nul. En effet, dans une machine à courant continu, à inducteur fixe et à induit tournant, le coefficient m est constant, ou du moins il est ramené périodiquement à sa valeur initiale. Si l'on suppose l'inducteur ou le secondaire mobile, le primaire fixe, et les balais tournant dans le même sens et avec la même vitesse que le secondaire, le coefficient m ne varie pas. Si au contraire les balais munis de court-circuit se déplacent sur le collecteur, avec une vitesse ω relative par rapport au primaire, le coefficient m sera une fonction périodique de pulsation ω (fig. 16). En pratique les balais peuvent être entraînés par une machine du premier genre dont la vitesse de rotation est $(\omega + \Omega)$.

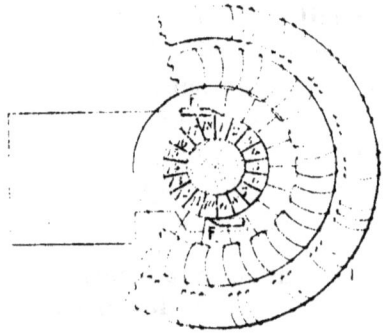

Fig. 16.

Nous allons démontrer qu'avec une machine du type que nous venons de décrire, on réalise dans le primaire tournant une force électromotrice toujours de même sens, proportionnelle à ω, et une intensité toujours de même sens.

La force électromotrice développée dans le circuit tournant est

$$m \frac{di_2}{dt} + i_2 \frac{dm}{dt} = e_1. \quad \text{or} \quad m \frac{di_2}{dt} = \omega M I_2 \sin (\omega t - \varphi) \cos \omega t ;$$

de plus, quand les balais sont en contact avec deux lames consécutives du collecteur, m varie. Sa variation, si le primaire tournait avec la vitesse ω, serait $\omega M \cos(\omega t - \varphi)\, dt$. Le primaire tournant avec la vitesse Ω, cette variation sera

$$\Omega M \cos(\omega t - \varphi)\, dt, \qquad \text{d'où} \qquad i_2 \frac{dm}{dt} = \Omega \cos(\omega t - \varphi) \sin \omega t\, M I_2.$$

On a, tous calculs faits, si $\omega = \Omega + \omega'$

$$e_1 = \left[\left(\Omega + \frac{\omega'}{2} \right) - \sin(2\omega t - \varphi)\, \frac{\omega'}{2} \sin \varphi \right] M I_2.$$

La force électromotrice développée dans l'anneau tournant est donc la somme de deux termes, l'un périodique de pulsation $2\,\omega$, l'autre constant.

On a supposé tout à l'heure que le coefficient m variait d'une manière continue : il n'en est pas en réalité ainsi. Quand les balais frottent sur deux lames consécutives du collecteur, les spires mises en court-circuit perdent sous forme d'étincelles l'énergie intrinsèque $\frac{1}{2} l \left(\frac{i_1}{2} \right)^2$, puisque les deux moitiés de l'anneau inducteur ou primaire peuvent être regardées comme couplées en parallèle, et en désignant par l le coefficient de self-induction de ces spires. Quant aux spires nouvelles introduites dans le circuit, il faut leur fournir l'énergie $\frac{1}{2} l \left(\frac{i_1}{2} \right)^2$. Avec $2\,n$ bobines, la perte d'énergie sera, puisque chacun des deux balais ferme $2\,n$ fois par tour une bobine sur elle-même,

$$4 \frac{n}{2} l \left(\frac{i_1}{2} \right)^2 = \frac{n l i_1^2}{2}.$$

La puissance perdue, par seconde, de ce chef, est donc pour la vitesse relative $\omega' = 2 \pi N$.

$$\frac{\omega'}{2\pi} n l \left(\frac{i_1^2}{2} \right).$$

La puissance totale perdue dans l'anneau sera donc

$$\left(R_1 + \frac{\omega' n l}{4\pi} \right) i_1^2.$$

Tout se passe comme si l'anneau avait une résistance effective

$$R_1' = \left(R_1 + \frac{\omega' n l}{4\pi} \right).$$

Cherchons l'intensité du courant développé dans le circuit tournant. Les balais étant reliés par un court-circuit, nous aurons

$$0 = R_1'i_1 + L_1 \frac{di_1}{dt} + m \frac{di_2}{dt} + i_2 \frac{dm}{dt}.$$

Posons

$$\Omega + \frac{\omega'}{2} = \alpha.$$

Intégrons entre o et t l'expression

$$R_1'i_1 + L_1 \frac{di_1}{dt} = - MI_2\alpha \sin (2\omega t - \varphi) + MI_2 \frac{\omega'}{2} \sin \varphi.$$

Nous aurons

$$R_1' \int_0^t i_1 dt + L_1 (I_1 - I_1^0) = - \frac{1}{2\omega} MI_2\alpha \left(\cos \varphi - \cos \overline{2\omega t - \varphi} \right)$$
$$+ MI_2 \sin \varphi \frac{\omega'}{2} t.$$

Faisons croître t indéfiniment. Nous aurons à considérer seulement les termes qui augmentent indéfiniment avec le temps, d'où la valeur moyenne de l'intensité

$$I_1 = \frac{\omega' MI_2 \sin \varphi}{2R_1'}.$$

Cherchons la forme de la force électromotrice e_2 qu'il convient de développer aux bornes du circuit secondaire pour réaliser dans ces conditions un courant sinusoïdal $i_2 = I_2 \sin \omega t$. Le flux de force émis par l'anneau primaire et qui traverse le secondaire a pour valeur $Q = MI_1 \sin (\omega t - \varphi)$.

La formule générale de l'induction nous donne

$$e_2 = R_2 i_2 + L_2 \frac{di_2}{dt} + \frac{dQ}{dt}$$

c'est-à-dire

$$e_2 = \left[R_2 + \omega M \sin \varphi \frac{I_1}{I_2} \right] I_2 \sin \omega t + \left[L_2 + \omega M \cos \varphi \frac{I_1}{I_2} \right] \omega I_2 \cos \omega t,$$

d'où, en posant

$$R_2 + \omega M \sin \varphi \left(\frac{I_1}{I_2} \right) = \mathfrak{R}, \quad L_2 + \omega M \cos \varphi \left(\frac{I_1}{I_2} \right) = L,$$
$$e_2 = \mathfrak{R} I_2 \sin \omega t + L\omega I_2 \cos \omega t.$$

L'amplitude des oscillations de la force électromotrice qu'il convient de maintenir aux bornes du secondaire pour y développer un courant $i_2 = I_2 \sin \omega t$ est donc $I_2 \sqrt{\mathfrak{R}^2 + L^2\omega^2}$. Tout se passe comme si l'ensemble de la machine était remplacé par un circuit de résistance $\mathfrak{R}$ et de self-induction L.

Le travail emprunté au réseau est

$$\frac{I E_2 \cos \Psi}{2} = \frac{1}{2} I_2^2 \mathfrak{R} \qquad \text{avec} \qquad \operatorname{tg} \Psi = \frac{L\omega}{\mathfrak{R}}.$$

Le travail moteur élémentaire développé sur l'axe de la machine, c'est-à-dire le travail électromagnétique engendré par le déplacement relatif des deux circuits, est $d\mathfrak{T} = i_1 i_2 dm$ d'où, pour le travail total dans un temps t,

$$\mathfrak{T} = \frac{\omega'\Omega M^2 I_2^2 \sin^2 \varphi}{2 R_1'} \int_0^t \sin \omega t \cos (\omega t - \varphi) \, dt$$

ou

$$\mathfrak{T} = \frac{\Omega (\omega - \Omega) M^2 I_2^2 \sin^2 \varphi}{\left[R_1 + \dfrac{(\omega - \Omega)}{2\pi} \dfrac{nl}{2} \right]} \cdot \frac{t}{2}.$$

D'après ce que nous avons vu, si $(\omega - \Omega) < 0$, le travail mécanique fourni étant négatif, la machine fonctionne comme génératrice. Elle tend à augmenter l'intensité du courant qui l'excite.

Soit $\Omega < \omega$: la machine joue au contraire le rôle de moteur. Cherchons le rendement de la machine fonctionnant ainsi.

La puissance fournie est $\mathcal{P}' = \dfrac{\mathfrak{R} I_2^2}{2}$, la puissance recueillie est

$$\mathcal{P} = \frac{(\omega - \Omega) \Omega M^2 I_2^2 \sin^2 \varphi}{2 R_1'},$$

d'où

$$\frac{\mathcal{P}}{\mathcal{P}'} = \frac{2\Omega\omega' M^2 \sin^2 \varphi}{2 \left(R_1 + \dfrac{\omega'}{2\pi} \cdot \dfrac{nl}{2} \right) R_2 + \omega\omega' M^2 \sin^2 \varphi}.$$

b. *Machines à champ tournant*. — Nous avons vu qu'une série de bobines parcourues par des courants alternatifs polyphasés de même grandeur maxima, et décalés d'angles respectivement égaux aux angles au centre de polygones réguliers, constituait un champ de grandeur constante, tournant avec une vitesse angulaire égale à la pulsation ω des courants.

Nous avons signalé les différences qu'il convient d'établir entre les champs polyphasés où le nombre des phases est pair, et entre ceux où le nombre des phases est impair. Supposons donc que les primaires et les secondaires comprennent p phases. Chaque phase comporte au moins deux bobines, un nombre pair en général, et enroulées de telle sorte que le sens de cet enroulement dans chaque phase change quand on passe d'une bobine à la suivante. Autrement dit, en lançant un courant continu dans cette phase, on développerait une série de pôles de signes alternativement inversés.

Le secondaire présente en général la même disposition. Des deux parties de la machine, le primaire, et le secondaire, l'une quelconque peut rester fixe, et l'autre est mobile. Les contacts des circuits en mouvement avec les circuits extérieurs sont assurés au

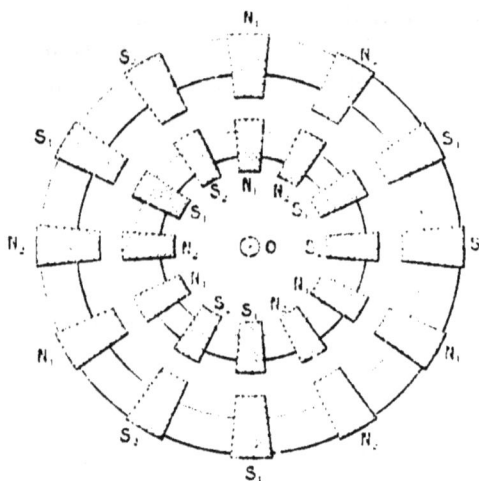

Fig. 17.

moyen de frotteurs fixes et de bagues montées sur l'arbre de la machine et entraînées dans la rotation. Les p circuits secondaires sont reliés aux diverses phases du courant extérieur ; les p circuits primaires sont en général fermés sur eux-mêmes, ou plutôt sur des rhéostats fixes extérieurs, dont nous allons voir l'usage.

Considérons une machine diphasée (fig. 17), c'est-à-dire dont le primaire et le secondaire comportent chacun deux séries de bobines dans lesquelles on lance respectivement les courants

(1) $$ i_2 = \mathrm{I}_2 \sin \omega t. \qquad i'_2 = \mathrm{I}_2 \cos \omega t. $$

Supposons, pour fixer les idées, que le circuit primaire, c'est-à-dire fermé sur lui-même, soit mobile.

Nous allons montrer qu'un couple moteur indépendant de la vitesse de rotation est développé sur l'axe de la machine. Il en résultera la po... ibilité pour celle-ci de fonctionner à une vitesse quelconque, d'où le nom de machine asynchrone.

Soient m_{11} et m_{21} les coefficients d'induction mutuelle du premier circuit mobile avec le premier et le second circuit fixe, m_{12} et m_{22} les mêmes éléments relatifs au deuxième circuit mobile, R_1, L_1, I_1, les résistances, self-induction et valeur maxima du courant relatives à chacune des phases du circuit primaire ou mobile, R_2, L_2, I_2, les mêmes éléments relatifs au circuit secondaire ou fixe. Soient de même $2\,n$ le nombre des pôles de chaque phase, Ω la vitesse de rotation de la machine, enfin T la période et $\omega = \dfrac{2\,\pi}{T}$ la pulsation du courant. Soient enfin i_1 et i'_1 les intensités dans l'une et l'autre phase du circuit primaire fermé sur lui-même, i_2 et i'_2, les intensités dans l'une et l'autre phase du secondaire; nous aurons d'abord les expressions suivantes par hypothèse,

$$i_2 = I_2 \sin \omega t. \qquad i_2' = I_2 \cos \omega t,$$

et pour les coefficients d'induction, d'après la constitution même de la machine,

$$(2) \quad \begin{cases} m_{11} = M \sin (n\,\Omega)\,t, & m_{12} = M \cos (n\,\Omega)\,t, \\ m_{21} = M \cos (n\,\Omega)\,t, & m_{22} = -M \sin (n\Omega)t. \end{cases}$$

Les intensités i_1 et i_1' dans chacun des circuits mobiles nous sont données par

$$(3) \quad \begin{cases} 0 = R_1 i_1 + L_1 \dfrac{di_1}{dt} + m_{11} \dfrac{di_2}{dt} + m_{21} \dfrac{di_2'}{dt}, \\ 0 = R_1 i_1' + L_1 \dfrac{di_1'}{dt} + m_{12} \dfrac{di_2}{dt} + m_{22} \dfrac{di_2'}{dt}, \end{cases}$$

c'est-à-dire, si

$$(4) \quad \begin{cases} 0 = R_1 i_1 + L_1 \dfrac{di_1}{dt} + (\omega - n\Omega)\, M I_2 \sin (\omega - n\Omega)\,t, \\ 0 = R_1 i_1' + L_1 \dfrac{di_1'}{dt} + (\omega - n\Omega)\, M I_2 \cos (\omega - n\Omega)\,t, \end{cases}$$

par

$$(5) \qquad i_1 = I_1 \sin (\omega' t - \varphi), \qquad i_1' = -I_1 \cos (\omega' t - \varphi),$$

en posant

$$(6) \quad \omega' = \omega - n\Omega, \qquad \operatorname{tg} \varphi = \frac{\omega' L_1}{R_1}, \qquad I_1 = \frac{\omega' M I_2}{\sqrt{R_1^2 + \omega'^2 L_1^2}}.$$

La puissance due au déplacement relatif des deux circuits a pour expression, puisque

$$(7) \quad \frac{d\mathcal{C}}{dt} = i_1 \left[i_2 \frac{dm_{11}}{dt} + i_2' \frac{dm_{21}}{dt} \right] + i_1' \left[i_2 \frac{dm_{12}}{dt} + i_2' \frac{dm_{22}}{dt} \right]$$

et tous calculs faits,

$$(8) \qquad P = \frac{d\mathcal{C}}{dt} = \frac{n\Omega\omega' M^2 I_2^2 R_1}{(R_1^2 + \omega'^2 L^2)}.$$

Faisons varier la résistance R, de telle sorte que la puissance devienne maxima. Nous aurons alors

$$(9) \qquad R_1 = \pm \omega' L_1.$$

On peut toujours arriver à cette solution au moyen de rhéostats intérieurs intercalés dans le circuit mobile.

Nous aurons alors dans l'hypothèse (9)

$$(10) \qquad P = \frac{d\mathcal{C}}{dt} = \frac{n\Omega M^2 I_2^2}{2 L_1};$$

le couple moteur, qui a pour expression $\dfrac{P}{\Omega} = \dfrac{n\, M^2\, I_2^2}{2\, L_1}$ est donc indépendant de la vitesse.

Nous voyons ainsi que suivant le signe de la quantité $\omega' = (\omega - n\,\Omega)$, nous aurons une machine fonctionnant comme moteur ($\omega' > 0$) ou comme génératrice ($\omega' < 0$), la machine dans ce cas tendant à renforcer l'intensité du courant alternatif qui l'excite. Remarquons qu'en marche normale la résistance R_1 est petite, et aussi la valeur absolue de la différence $(\omega - n\,\Omega)$.

Rendement électrique. — Si l'on appelle P la puissance électrique directement utilisable, P' et P'' les puissances perdues en chaleur dans les circuits fixes et les circuits mobiles, on trouve aisément

$$(11) \qquad P' = \frac{2R_2 I_2^2}{2} = R_2 I_2^2 \qquad P'' = \frac{2 R_1 I_1^2}{2} = R_1 I_1^2$$

mais on a vu que

$$I_1 = \frac{\omega' M I_2}{\sqrt{R_1^2 + \omega'^2 L_1^2}}.$$

Supposons toujours $R_1 = \pm (\omega - n\Omega) L_1$, nous aurons

$$(12) \qquad P'' = \frac{\omega' M^2 I_2^2}{2 L_1}.$$

Le rendement ρ, tous calculs faits, a pour expression

$$\rho = \frac{n\Omega M^2}{\omega M^2 + 2 R_2 L_1}.$$

Cherchons la force électromotrice qu'il convient de développer aux bornes des deux circuits fixes pour réaliser le fonctionnement de la machine, c'est-à-dire pour déterminer le passage des courants I_2 et I'_2 dans ces circuits.

Nous aurons

$$(13) \qquad \begin{cases} e_2 = R_2 i_2 + L_2 \dfrac{d i_2}{dt} + \dfrac{d}{dt} [m_{11} i_1 + m_{12} i'_1], \\[2mm] e_2' = R_2 i_2 + L_2 \dfrac{d i_2}{dt} + \dfrac{d}{dt} [m_{21} i_1 + m_{22} i'_1]. \end{cases}$$

On trouve tous calculs faits,

$$(14) \qquad \begin{cases} e_2 = R_2 i_2 + L_2 \dfrac{d i_2}{dt} + \omega M I_1 \sin(\omega t - \varphi), \\[2mm] e'_2 = R_2 i'_2 + L_2 \dfrac{d i'_2}{dt} + \omega M I'_1 \cos(\omega t - \varphi). \end{cases}$$

Mais par hypothèse $R_1 = \pm (\omega - n\Omega) L_1$, d'où

$$I_1 = \frac{1}{\sqrt{2}} \frac{M I_2}{L_1} \qquad \text{et} \qquad \operatorname{tg} \varphi = \frac{\omega' L_2}{R_2} = \pm 1$$

Dans le cas de la génératrice, $\operatorname{tg} \varphi = -1$, et dans celui de la réceptrice, $\operatorname{tg} \varphi = +1$.

En convenant de prendre le signe $+$ dans ce premier cas, et le signe $-$ dans le second, nous pourrons poser

$$(15) \qquad u = \left(R_2 \mp \frac{\omega M^2}{2 L_1} \right), \qquad v = \omega \left(L_2 - \frac{M^2}{2 L_1} \right).$$

Nous aurons donc

$$(16) \quad e_2 = u I_2 \sin \omega t + v I_2 \cos \omega t, \quad e'_2 = u I_2 \cos \omega t - v I_2 \sin \omega t.$$

Remarquons qu'il pourrait être fait usage d'une force électromotrice unique z_2 pour produire dans les circuits fixes deux courants présentant la différence de phase $\left(\dfrac{\pi}{2}\right)$. Il suffirait d'intercaler dans le deuxième circuit, par exemple, une capacité C donnée par l'équation

$$(17) \quad u I_2 \sin \omega t + v I_2 \cos \omega t = u I_2 \cos \omega t - v I_2 \sin \omega t + \frac{1}{\omega C} \cos \omega t.$$

Les conditions.

$$(18) \qquad u = v, \qquad \frac{1}{\omega C} = u + v$$

doivent être satisfaites.

Elles peuvent s'écrire, dans le cas d'une génératrice

$$(19) \qquad R_2 = \omega L_2, \qquad C = \frac{1}{\omega^2 \left[2 L_2 - \dfrac{M^2}{L_1} \right]} = \frac{1}{\omega^2 v},$$

et dans celui d'une réceptrice,

$$(20) \qquad \left\{ \begin{array}{l} R_2 = \dfrac{\omega}{L_1}\,(L_1 L_2 - M_2), \\[3mm] C = \dfrac{1}{\omega^2 \left[2 L_2 - \dfrac{M^2}{L_1} \right]} = \dfrac{1}{\omega^2 v}. \end{array} \right.$$

Comme nous l'avons vu, la quantité $L_1 L_2 - M^2$ est toujours positive. On pourra donc toujours trouver une valeur positive pour la résistance R et la capacité C.

Nous venons de voir que, pour que le rendement de la machine fonctionnant en génératrice soit bon, il faut que R_2 soit petit par rapport à ωL_2. La condition précédente serait donc réalisable dans le cas d'une génératrice. Quand la machine fonctionne comme réceptrice, il convient que la différence $L_1 L_2 - M^2$ soit faible pour que le rendement soit satisfaisant. Il est malheureusement difficile de rendre négligeables les fuites magnétiques dans les machines asynchrones ([1]).

---

(1) On peut cependant satisfaire à ces conditions en apparence contradictoires. En effet, enroulons sur chacun des circuits fixes des fils de section différente. Sur le deuxième circuit, imaginons que le fil soit de section a fois plus petite que le fil du premier circuit, mais qu'il fasse a fois plus de tours. Dans le premier circuit, faisons passer le courant $i_2 = I_2 \sin \omega t$, et dans le second, le courant $i'_2 = \dfrac{I_2}{a} \cos \omega t$.

Les expressions du travail et du rendement électrique restent les

Ainsi donc les machines du troisième genre employées comme génératrices, doivent être excitées par une machine synchrone du premier genre.

Elles tournent avec une vitesse légèrement supérieure à la pulsation ω du courant. Employées comme réceptrices, elles peuvent démarrer seules et fonctionner à une vitesse quelconque. Elles ont donc des propriétés se rapprochant beaucoup de celles des machines à courant continu.

D). **Étude de quelques formes particulières des machines du 3° genre.** — Les considérations que nous venons de développer peuvent s'appliquer aisément aux machines asynchrones à champ alternatif simple, car un tel champ de direction constante et d'intensité variable peut toujours être considéré comme la somme algébrique de deux champs égaux, de grandeur constante, tournant en sens contraire avec des vitesses angulaires égales à la pulsation ω du courant.

Projetons en effet le champ $\Phi_0 \sin \omega t$ sur deux axes rectangulaires OX et OY, pris l'un suivant la direction positive du champ, l'autre suivant une direction perpendiculaire.

Nous pouvons écrire pour ces composantes X_1 et Y_1

$$(1) \quad X_1 = \frac{\Phi_0}{2} \sin \omega t + \frac{\Phi_0}{2} \sin \omega t, \quad Y_1 = \frac{\Phi_0}{2} \cos \omega t - \frac{\Phi_0}{2} \cos \omega t,$$

---

mêmes, mais les différences de potentiel aux bornes des circuits sont les suivantes :

$$e_2 = u I_2 \sin \omega t + v I_2 \cos \omega t,$$

$$e'_2 = u I_2 \cos \omega t + a I_2 \sin \omega t + \frac{1}{C} \int_0^t \frac{I_2}{a} \cos \omega t \, dt$$

ou

$$e'_2 = a u I_2 \cos \omega t - \left(a v - \frac{1}{\omega C a} \right) I_2 \sin \omega t.$$

Nous aurons donc

$$u = \frac{1}{\omega C a} - a v \ , \quad v = a u$$

d'où

$$C = \frac{1}{\omega} \frac{u^2}{v} \left(\frac{1}{u^2 + v^2} \right).$$

L'expression de la capacité étant toujours positive, le problème pourra toujours être résolu quelles que soient les fuites magnétiques.

Cherchons le coefficient apparent de self-induction de la machine et le champ $\Phi_0 \sin \omega t$ peut donc être considéré comme la somme algébrique de deux champs $\dfrac{\Phi_0}{2}$, tournant en sens contraire avec la vitesse angulaire absolue ω.

Considérons un anneau A pourvu de conducteurs périphériques distribués comme le représente la figure 18, et un induit à tambour B. Imaginons qu'on fasse circuler dans l'induit un courant sinusoïdal. Si $M = M_0 \cos \Omega t$ représente le coefficient d'induction mutuelle de l'inducteur et d'une spire de l'induit, le flux Φ coupé par cette spire sera

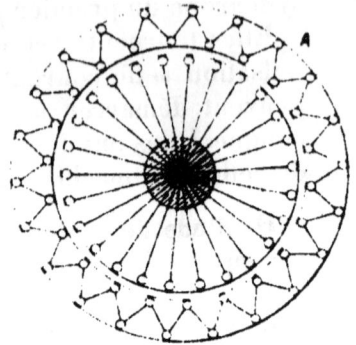

Fig. 18

---

sa résistance apparente, c'est-à-dire les constantes d'un circuit pour lequel l'intensité et la force électromotrice auraient la même valeur que celles du courant qui traverse le secondaire de la machine.

Nous aurons $e_2 = u I_2 \sin \omega t + v I_2 \cos \omega t.$

De plus l'intensité totale $\mathfrak{I}$ du courant alimentant le secondaire est

$$\mathfrak{I} = I_1 \sin \omega t + \frac{1}{a} I_1 \cos \omega t.$$

La résistance et la self-induction du circuit seront définies par les équations suivantes :

$$u I_1 \sin \omega t + v I_1 \cos \omega t = r I_1 \left[\sin \omega t + \frac{1}{a} \cos \omega t \right]$$
$$+ \omega l \left[\cos \omega t - \frac{1}{a} \sin \omega t \right].$$

l'équation précédente sera satisfaite à chaque instant si les conditions suivantes sont réalisées

$$u = r - \frac{\omega l}{a} \qquad v = \frac{r}{a} - \omega l$$

d'où comme $a = \dfrac{v}{u},$

$$r = \frac{2 u v^2}{u^2 - v^2}, \qquad \omega l = \frac{v (v^2 - u^2)}{u^2 + v^2}.$$

Le coefficient apparent de self-induction sera donc d'autant moindre que $v^2 - u^2$ sera plus petit, c'est-à-dire que les fuites magnétiques seront plus faibles.

$M' \cos \Omega t \, I_2 \sin \omega t$, en appelant comme précédemment $\omega = \dfrac{2\pi}{T}$ la pulsation du courant et $\Omega = 2\pi N$ la vitesse de rotation de l'induit.

Nous aurons pour la force électromotrice induite dans la spire

$$(2) \qquad e = -\frac{d\Phi}{dt} = -\frac{MI_2}{2}\left[(\omega+\Omega)\cos(\omega+\Omega)t - (\omega-\Omega)\cos(\omega-\Omega)t\right]$$

Posons, si r et L représentent les résistance et coefficient de self-induction de la spire,

$$(3) \qquad \rho = \sqrt{r^2 + (\omega+\Omega)^2 L^2}, \qquad \rho' = \sqrt{r^2 + (\omega-\Omega)^2 L^2};$$

le courant d'induction développé dans la spire aura bien pour valeur

$$(4) \qquad I_1 = -\frac{MI_2}{2}\left[\frac{(\omega+\Omega)}{\rho}\cos\overline{(\omega+\Omega)\,t-\varphi} + \frac{\omega-\Omega}{\rho'}\cos\overline{(\omega-\Omega)t-\varphi'}\right]$$

si

$$(5) \qquad \operatorname{tg}\varphi = \frac{L(\omega+\Omega)}{r}, \qquad \operatorname{tg}\varphi' = \frac{L(\omega-\Omega)}{r}.$$

La puissance moyenne a donc pour valeur, pour une spire

$$(6) \qquad p_{moy} = \frac{\Omega r M^2 I_2^2}{8}\left[\frac{\omega-\Omega}{\rho^2} - \frac{\omega-\Omega}{\rho'^2}\right]$$

et pour n spires

$$(7) \qquad P_{moy} = n p_{moy}.$$

Le couple moteur a pour expression

$$(8) \qquad C = \frac{P}{\Omega} = \frac{M^2 I_2^2 n r}{8}\left[\frac{\omega-\Omega}{r^2+(\omega-\Omega)^2 L^2} - \frac{\omega+\Omega}{r^2+(\omega+\Omega)^2 L^2}\right]$$

Les expressions seraient aussi simples dans le cas d'une machine à $2p$ pôles. Il suffirait dans les valeurs précédentes de remplacer Ω par $p\,\Omega$.

On voit donc que la puissance fournie est positive, du reste en même temps que le couple, tant que

$$\frac{\omega-\Omega}{r^2+(\omega-\Omega)^2 L^2} > \frac{\omega+\Omega}{r^2+(\omega+\Omega)^2 L^2}$$

ou que

$$\Omega\left[(\omega^2-\Omega^2)L^2 - R^2\right] > 0.$$

Supposons la machine fonctionnant comme moteur.

Suivant que Ω est de même signe que ω supposé positif ou de signe contraire, les valeurs de Ω correspondant au fonctionnement de la machine en moteur seront les suivantes :

$\Omega > o$ $\qquad\qquad$ $L\Omega < \sqrt{\omega^2 L^2 - r^2}$

$\Omega < o$ valeur absolue $(L\Omega) > \sqrt{\omega^2 L^2 - r^2}$

On peut représenter ces résultats par une courbe figurant le couple (fig. 19).

On voit que le couple, nul au démarrage, pour $\Omega = o$, s'annule encore pour $L\Omega - \sqrt{L^2\omega^2 - r^2} = o$, valeur de Ω du

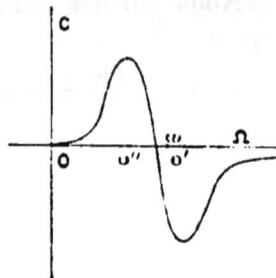

Fig. 19.

reste voisine de ω, c'est-à-dire de celle du synchronisme. Le couple au lieu d'être moteur, devient résistant. La partie stable est O'O" ; car alors tout ralentissement de la machine amène une augmentation du couple moteur. Employées comme génératrices, ces machines renforcent l'intensité du courant qui les excite. Elles ont les propriétés générales des machines du 3e genre examinées plus haut.

E. **Remarque sur la présence du fer dans les machines d'induction à courants alternatifs.** — En général, la plupart de ces machines sont pourvues d'enroulements montés sur des noyaux de fer doux. La présence du fer modifie leurs coefficients d'induction mutuelle et de self-induction. On peut le plus souvent prendre pour expression de l'induction développée dans le fer une courbe de forme générale analogue à celles des coefficients d'induction des machines sans fer.

Une certaine puissance est cependant perdue dans le fer. Il faut remarquer en effet que ce milieu est à la fois le siège d'une consommation d'énergie par suite des courants d'induction développés dans cette masse métallique, et le théâtre d'une déperdition d'énergie produite par l'hystérésis. La quantité de chaleur dégagée dans le fer due à cette première cause est d'autant plus forte que les aimantations et désaimantations successives sont séparées par un temps plus court et que l'induction maxima est plus forte. Enfin l'inertie présentée par le fer dans le phénomène de l'aimantation réduit la valeur de cette induction maxima.

Remarquons cependant que si l'induction spécifique moyenne

est inférieure à 5000 unités C. G. S. et que la durée de la période de la force électromotrice et du courant ne soit pas inférieure à un $\frac{1}{120}$ de seconde, les pertes d'énergie dues à la viscosité magnétique n'ont pas une très grande importance. Elles sont inférieures à un erg par centimètre cube de fer, par unité d'induction spécifique, et par période de variation du flux.

F. **Difficultés inhérentes à l'emploi des machines alternatives.** — Telles que nous venons de les étudier sous leur forme la plus générale, les machines d'induction donneraient lieu dans leur emploi à un certain nombre d'inconvénients qui compenseraient au moins en partie les avantages caractéristiques des courants alternatifs.

Ces inconvénients sont les suivants :

1° Effet de capacité et de self-induction du réseau. La capacité peut être rendue négligeable en proscrivant l'emploi de câbles concentriques armés : la self-induction peut être combattue par l'adjonction de capacités appropriées ;

2° Impossibilité du couplage en parallèle des machines du premier genre, ce qui oblige à construire des machines à haut potentiel.

3° Nécessité de la marche en synchronisme des machines du premier genre, surtout dans le couplage en parallèle.

4° Impossibilité du démarrage spontané des moteurs du premier genre, et de quelques-uns du troisième (asynchrones à champ alternatif simple).

De plus, les machines du troisième genre sont généralement le siège de pertes magnétiques considérables. Il est assez difficile de remédier à ces inconvénients. Nous allons, avant d'exposer les remèdes proposés, décrire plus en détail les propriétés et le fonctionnement de divers types de machines d'induction.

CHAPITRE IV

MACHINES GÉNÉRATRICES A COURANTS ALTERNATIFS

Bien que les machines d'induction soient réversibles, elles sont généralement construites dans un but déterminé. Nous distinguerons donc les moteurs et les génératrices. Chacune de ces deux classes contient des machines synchrones (premier genre) et des machines asynchrones (troisième genre). Enfin chaque groupe de machines peut recevoir ou fournir soit un courant alternatif simple, soit des courants polyphasés. Au point de vue du groupement des bobines de la partie tournante, on peut encore distinguer les alternateurs à anneau, à tambour et à disque.

Nous donnerons quelques détails complémentaires sur le fonctionnement des moteurs synchrones et asynchrones, et sur celui des génératrices synchrones qui présentent seules un intérêt pratique réel.

Fonctionnement d'une génératrice synchrone, ou alternateur proprement dit. — On constate, pour ces machines, comme pour les dynamos à courant continu, l'existence d'une force magnétomotrice croissant avec le débit, et qui tend à contrebalancer une fraction des ampères-tours dus aux électro-aimants inducteurs. Considérons un cadre tournant dans un champ magnétique, à la vitesse du synchronisme. Soit L le coefficient de self-induction de ce cadre. Le flux dû au cadre, parcouru par le courant $I_0 \cos \omega t$ supposé en concordance de phase avec la tension induite, sera perpendiculaire au plan du cadre et ses projections sur deux axes, l'un horizontal, l'autre vertical auront pour valeurs

$$LI_0 \cos^2 \omega t = \frac{LI_0}{2} (1 + \cos 2\omega t),$$

$$LI_0 \sin \omega t \cos \omega t = \frac{LI_0}{2} (\sin 2\omega t).$$

On peut donc considérer le flux propre de l'induit, ou primaire, comme constant et égal à $\frac{LI_0}{2}$, le second flux, tournant à la vitesse 2ω, ayant un effet moyen nul. Dans le cas où le cadre tourne à la vitesse ω_1, différente de celle du synchronisme, les composantes du flux propre seront

$$\frac{LI_0}{2}\left[\cos(\omega-\omega_1)\,t+\cos(\omega+\omega_1)\,t\right].$$

$$\frac{LI_0}{2}\left[\sin(\omega-\omega_1)\,t+\sin(\omega+\omega_1)\,t\right].$$

Le cas d'un induit entier, composé de n cadres, se ramène aisément au précédent.

Considérons un alternateur, branché sur le réseau qu'il doit alimenter. On voit en général que lorsque le débit augmente, avec l'accroissement du nombre des récepteurs couplés sur le réseau, la tension aux bornes diminue. Par suite de la self-induction des récepteurs et aussi de celle des circuits de l'alternateur, l'intensité du courant est en retard de phase sur la force électromotrice développée dans l'induit, et sur la différence de potentiel existant aux bornes de celui-ci.

Soient E et E' les valeurs maxima de ces deux quantités, R, r et r' la résistance totale du circuit, celle de l'induit de l'alternateur et celle de la portion du circuit extérieur à l'induit, L, l et l' les éléments correspondants pour la self-induction. Cherchons l'expression de la tension aux bornes en fonction du débit et du décalage φ de l'intensité par rapport à cette tension. Nous aurons ainsi, si I est la valeur maxima de l'intensité développée dans l'induit,

$$(1)\qquad I=\frac{E}{\sqrt{R^2+L^2\omega^2}},\qquad (2)\qquad I=\frac{E'}{\sqrt{r'^2+l'^2\omega^2}}.$$

Soit φ' le décalage de l'intensité par rapport à la tension aux bornes. Nous aurons

$$(3)\qquad \operatorname{tg}\varphi'=\left(\frac{l'\omega}{r'}\right).$$

Remplaçons r' et $l'\omega$ dans les équations précédentes en fonction de φ'. Nous aurons

$$(4)\qquad E^2=I^2\left(r'^2+l'^2\omega^2\right)+2\,E'I\left[r\cos\varphi'+l\omega\sin\varphi'\right]+E'^2.$$

La discussion de cette équation est aisée. Elle donne la valeur de E', dans tous les cas. En particulier, si l'alternateur est en court-circuit, nous aurons E' $=0$, et à circuit ouvert, E' $=$ E. En supposant E et φ' constants, ce qui est généralement vrai en pratique, le fonctionnement de l'alternateur peut être représenté par une ellipse, donnée par l'équation (4) et facile à construire.

On constate aisément que sauf dans des régions très limitées, et correspondant à des modes de fonctionnement particuliers de l'alternateur, la tension aux bornes baisse en général quand le débit croît. Aussi la nécessité d'un compoundage s'impose-t-elle souvent pour les alternateurs comme pour les machines à courant continu.

Considérons comme exemple le cas d'une distribution à intensité efficace constante $\frac{I}{\sqrt{2}}$, et cherchons comment doit varier la différence de potentiel efficace aux bornes en fonction du décalage φ'. — L'équation précédente nous apprend que E est la résultante d'un vecteur E', et d'un vecteur $\varepsilon = I \sqrt{r^2 + l^2\omega^2}$ faisant avec E' l'angle $\varphi_1 - \varphi'$, si $tg\, \varphi_1 = \frac{l\omega}{r}$, $tg\, \varphi' = \frac{l'\omega}{r'}$.

Nous construirons aisément pour toute valeur de l'angle $\varphi_1 - \varphi'$, la grandeur E', différence géométrique des deux vecteurs E et ε.

Puissance maxima aux bornes fournie par un alternateur. — Cherchons comme dernière application l'expression de la puissance maxima aux bornes que fournit un alternateur de force électromotrice efficace constante, travaillant sur un réseau à décalage φ' constant.

Si P est la puissance fournie aux bornes, $2\,P = E'I \cos\varphi'$.

Si $F = o$ représente l'équation (4) et si l'on pose $f = 4P$, nous savons que les valeurs de E' et de I qui rendent maximum la fonction f satisfont aux équations

$$\frac{dF}{dE'} + \lambda\, \frac{df}{dE'} = o, \qquad\qquad \frac{dF}{dI} + \lambda\, \frac{df}{dI} = o.$$

Par l'élimination de λ entre ces deux quantités, nous trouvons

$$I = \frac{E'}{\sqrt{r^2 + l^2\omega^2}}.$$

D'où en rapprochant cette relation de l'équation (2), la condition suivante pour la réalisation de la puissance maxima, à savoir l'égalité des termes $\sqrt{r^2 + l^2\omega^2}$ et $\sqrt{r'^2 + l'^2\omega^2}$.

Compoundage des alternateurs. — M. Leblanc a indiqué un

procédé permettant de réaliser une tension efficace constante aux bornes d'un alternateur quel que soit son débit.

Distinguons avec lui deux cas, suivant que l'alternateur est à champs polyphasés, ou à champ alternatif simple.

Examinons tout d'abord le premier cas, et établissons la loi suivant laquelle doit varier l'excitation d'un alternateur pour que la tension efficace développée aux bornes reste constante.

Soit $V = V_0 \sin \omega t$ la tension à maintenir entre les bornes d'un circuit de l'armature, R_2, L_2, la résistance et la self-induction d'un de ces circuits secondaires, $i_2 = I_2 \sin(\omega t - \varphi)$, le courant débité par l'alternateur, $m = M \cos(\omega t + \lambda)$ le coefficient d'induction mutuelle du circuit induit ou secondaire considéré et de l'inducteur ou primaire, I_1 le courant d'excitation.

Nous aurons, aux bornes de ce circuit secondaire,

$$o = R_2 i_2 + L_2 \frac{di_2}{dt} + i_1 \frac{dm}{dt} + V$$

d'où, d'après la valeur de $i_1 \frac{dm}{dt}$.

$$\omega M I_1 \sin(\omega t + \lambda) = R_2 i_2 + L_2 \frac{di_2}{dt} + V.$$

Posons $\quad \varepsilon_2 = I_2 \sqrt{R^2_2 + L^2_2 \omega^2} \quad$ et $\quad \operatorname{tg} \Omega = \frac{L_2 \omega}{R_2}$.

Nous aurons pour $\operatorname{tg} \lambda$ et I_1 les valeurs suivantes :

$$\operatorname{tg} \lambda = \frac{\varepsilon_2 \sin(\Omega - \varphi)}{\varepsilon_2 \cos(\Omega - \varphi) + V_0},$$

$$(5) \qquad I_1 = \frac{1}{\omega M} \cdot \sqrt{\left[\varepsilon_2 \cos(\Omega - \varphi) + V_0\right]^2 + \varepsilon^2_2 \sin^2(\Omega - \varphi)}.$$

Telle est la valeur maxima du courant d'excitation en fonction de la tension maxima V_0 à maintenir constante.

Pour réaliser le champ magnétique convenable, M. Leblanc a groupé sur une machine spéciale, excitatrice de l'alternateur, les enroulements suivants : 1° circuit S_1 en série avec chaque circuit de l'armature ; 2° circuit S_2 en dérivation sur le circuit d'armature ; 3° circuit $\Sigma\Sigma$ superposé aux précédents S_1 et S_2, et dont les bobines sont reliées aux lames d'un collecteur à courant continu (fig. 20). S_1 et S_2 sont respectivement enroulés sur deux anneaux A, B montés sur le même axe. Le fer de A doit toujours rester loin de l'état de saturation ; celui de B travaille au contraire dans le voisinage de ces conditions ;

4° circuit $\Sigma'\Sigma'$ entourant, comme le représente le schéma, les anneaux D et E à l'intérieur desquels tournent les anneaux A et B. Les circuits S_1 et S_2 sont enroulés de telle sorte que les champs qu'ils créent se déplacent dans l'espace en sens inverse des mouvements des anneaux.

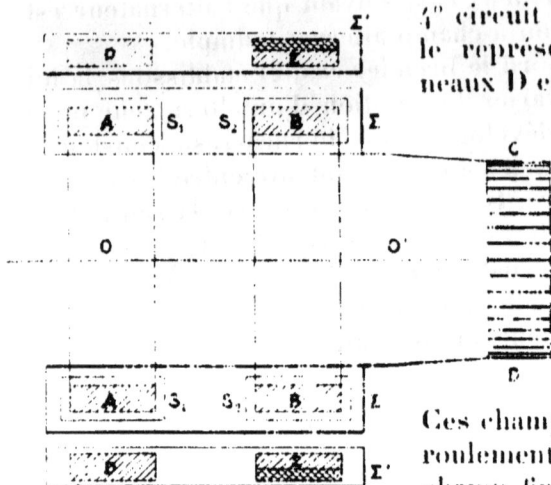

Fig. 20.

Ces champs sont donc fixes. L'enroulement $\Sigma\Sigma$ se déplaçant dans un champ fixe, donne naissance à un courant continu qui peut être recueilli entre les balais sur le collecteur. De plus, le champ dû à $\Sigma'\Sigma'$ doit être tel que la force magnétisante développée soit égale et de signe contraire à celle déterminée par $\Sigma\Sigma$. La figure 21 nous représente la combinaison d'un circuit d'armature et du circuit correspondant de l'excitatrice. La figure 22 nous donne le schéma complet des enroulements dans le cas d'un alternateur à courants triphasés.

La force électromotrice développée entre

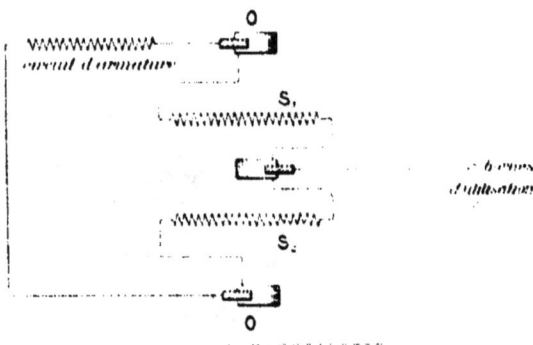

Fig. 21.

les balais ne dépend que de l'intensité des champs tournants et du calage de ces balais.

Dans le cas d'un alternateur à courant alternatif simple, il suffit de remplacer le circuit $\Sigma'\Sigma'$ par une cage d'écureuil [1] dis-

---

(1) On appelle cage d'écureuil un cylindre ayant pour génératrices un

posée à la surface des anneaux DD, EE. A et B donnent naissance à deux champs, l'un fixe, l'autre tournant dans le sens

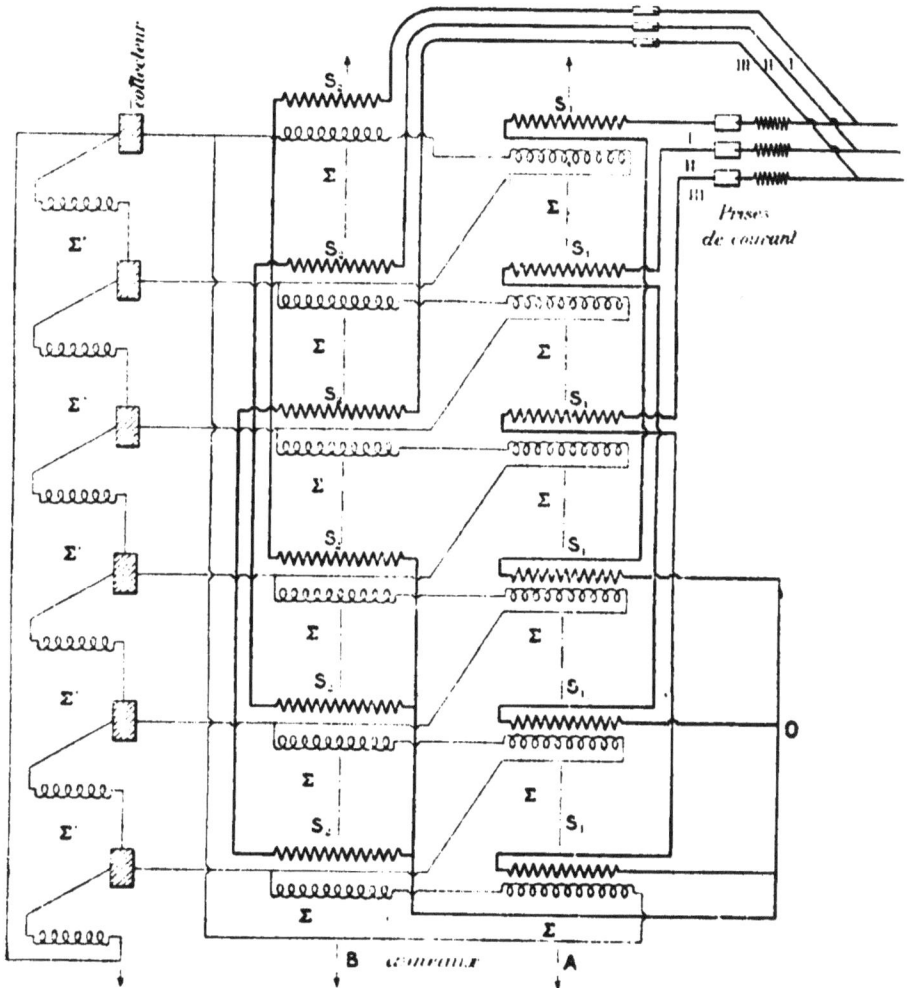

Fig. 22.

du mouvement des anneaux, avec une vitesse double de ceux-ci,
et qui est détruit par l'effet de la cage d'écureuil.

Le flux maximum développé par A a pour valeur

$$O\Psi = K'I_2 \sqrt{R_2^2 + L_2^2 \omega^2}.$$

système de barres parallèles à l'axe de la machine et réunies aux deux
bouts à des segments métalliques.

Le coefficient K' est constant, car d'après ce que nous avons vu, le point figuratif se déplace sur la première portion d'une courbe de magnétisme, portion sensiblement droite.

Le flux maximum développé par B a pour valeur $O\varphi = KV^0$, K étant une quantité qui diminue quand la tension V_0 augmente.

Prenons pour origine des phases celle du flux émis par B. On cale les anneaux A et B, de telle sorte que si leurs circuits étaient parcourus par un même courant, les champs développés par ceux-ci feraient un angle Ω défini par $\operatorname{tg}\Omega = \dfrac{L_2\omega}{R_2}$ (fig. 23).

Sous une autre forme, Ω représente l'angle du champ dû à B, avec le champ déterminé par le courant watté de l'alternateur. Comptons cet angle dans le sens positif, qui sera celui de la rotation des champs. Nous aurons pour le courant d'armature $i_2 = I_2 \sin(\omega t - \varphi)$ le

Fig. 23.

décalage φ étant compté par rapport à la tension $V = V_0 \sin \omega t$.

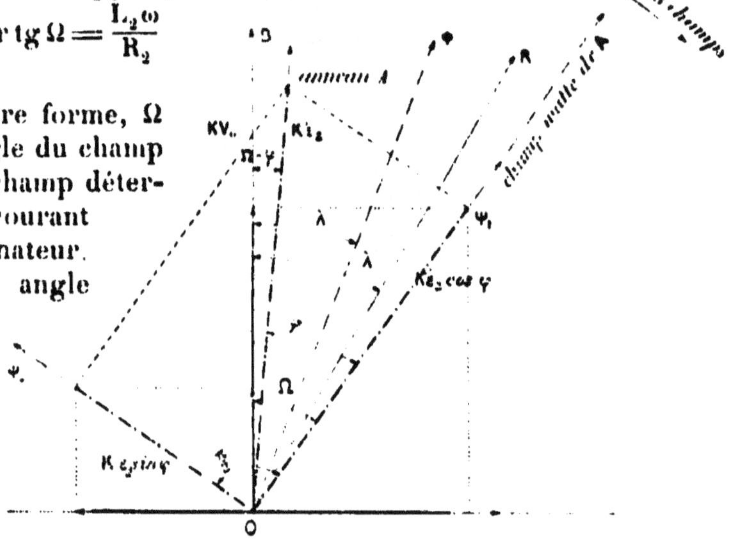

Le champ créé par l'anneau A est la somme des champs correspondant au courant watté, soit $K' i_2 \cos \varphi$, et de celui correspondant au courant déwatté, soit $K' i_2 \sin \varphi$.

Le courant déwatté est à 270° en arrière du courant watté. Il en résulte que le champ dû au courant déwatté est décalé à 90° en arrière de $O\Psi$, soit en $O\Psi_2$. $O\Psi$ correspondant au courant watté.

Les composantes des champs wattés et déwattés ont une résultante unique OR, dont les composantes sont respectivement suivant O B et une perpendiculaire à O B, soit OY,

$$X = K' i_2 \cos(\Omega - \varphi) + KV_0, \qquad Y = K' i_2 \sin(\Omega - \varphi).$$

Nous avons vu que pour que, le compoundage fût établi, il fallait que les conditions (3) et (4) fussent remplies.

La force électromotrice induite dans l'alternateur étant de la forme $\varepsilon = \varepsilon_2 \sin(\omega t + \lambda)$, si le circuit S_2 était soumis à la force électromotrice $\varepsilon = \varepsilon_2 \sin(\omega t + \lambda)$ et non à la tension $V = V_0 \sin \omega t$, le flux émis serait représenté par une droite faisant avec la droite OB un angle λ donné par

$$\operatorname{tg} \lambda = \frac{\varepsilon_2 \sin(\Omega - \varphi)}{\varepsilon_2 \cos(\Omega - \varphi) + V_0}.$$

D'autre part le champ résultant R a pour expression

$$R = \sqrt{[K'\varepsilon_2 \cos(\Omega - \varphi) + K V_0]^2 + K'^2 \varepsilon_2^2 \sin^2(\Omega - \varphi)}$$

l'angle λ' de cette droite avec OB_0 est donné par

$$\operatorname{tg} \lambda' = \frac{\varepsilon_2 \sin(\Omega - \varphi)}{\varepsilon_2 \cos(\Omega - \varphi) + \dfrac{K}{K'} V_0}.$$

La direction de la résultante coïncidera avec OΦ, si on a K = K'. Dans le cas contraire, le champ résultant fera, avec la direction OΦ, un angle $(\lambda' - \lambda)$. Soit la ligne de contact des balais avec le collecteur perpendiculaire à la direction OΦ. Soit de même C une constante ne dépendant que des dimensions de l'excitatrice. Si $\lambda' - \lambda = 0$, le courant engendré a pour expression CR; si $\lambda - \lambda' \lessgtr 0$, on aura pour le courant l'expression

(6) $C R \cos(\lambda' - \lambda) = I_1.$

Posons

$$x = \frac{K}{K'}, \qquad A = \varepsilon_2 \cos(\Omega - \varphi), \qquad B = \varepsilon_2 \sin(\Omega - \varphi).$$

Égalons les deux valeurs de I_1 données par (5) et (6).
Nous obtiendrons aisément l'équation

$$\Big[[A + V_0][A + xV_0] + B^2 \Big] \Big[\xi^2(A + x V_0)^2 - (A + V_0)^2$$
$$+ (\xi^2 - 1) B^2 \Big] = B^2 (1 - x)^2 V_0^2 \Big[(A + V_0)^2 + B^2 \Big]$$

avec $\xi = \omega MCK'$.

Cette équation, où x est une fonction connue de V_0, nous

donne la tension de l'alternateur en fonction du débit, car
$\iota_2 = I_2 \sqrt{R_2^2 + L_2^2 \, \omega^2}$.

La discussion de cette équation est assez compliquée. Remarquons cependant que l'équation ne peut être satisfaite si $x \lessgtr 1$. Nous laissons au lecteur le soin de le démontrer.

Ainsi donc, la tension V_0 se réglera d'elle-même jusqu'à ce qu'elle ait acquis la valeur pour laquelle $K = K'$. Il en résulte une extrême aptitude des alternateurs ainsi compoundés, au couplage en parallèle.

CHAPITRE V

MOTEURS A COURANT ALTERNATIF

On a vu que les machines à courant alternatif étaient réversibles. De même qu'une génératrice absorbe une quantité d'énergie mécanique variable pendant la rotation, de même une machine alternative dont le secondaire est parcouru par un courant de fréquence convenable développe sur son arbre un couple périodique.

On divise les moteurs comme les génératrices en plusieurs classes. Les moteurs synchrones sont en général excités par des courants continus. Leur circuit secondaire est branché sur une distribution alternative de pulsation ω. Si n est le nombre de pôles, et Ω la vitesse angulaire du moteur, on a nécessairement $n \, \Omega = \omega$. Au contraire, pour les moteurs asynchrones, il n'y a aucune relation directe entre la pulsation du moteur, $n \, \Omega$, et celle du courant, ω. L'expression $\dfrac{\omega - n\Omega}{\omega}$ possède généralement une valeur égale à 0,03 ou 0,04 et s'appelle le glissement.

Moteurs synchrones. — Un moteur synchrone monophasé ne peut fonctionner qu'au synchronisme, et il doit y être amené à la main ou au moyen d'un artifice de démarrage. En imaginant l'induit ou secondaire réduit à un cadre parcouru par un courant de pulsation ω, on voit aisément que ce cadre ne pourra se mettre de lui-même en mouvement. De même si le cadre est maintenu à une vitesse ω_1 inférieure à ω. Le couple qui s'exerce entre le cadre et les inducteurs se décomposera en deux autres de fréquence $\dfrac{2\pi}{\omega+\omega_1}$ et $\dfrac{2\pi}{\omega-\omega_1}$.

La pulsation du premier, quand ω_1 se rapproche de ω, tend vers la valeur $\dfrac{\pi}{\omega}$. Il reste alors constamment moteur.

Le second, de fréquence de plus en plus élevée, est tantôt moteur, tantôt résistant.

Le moteur synchrone monophasé ne peut donc démarrer de lui-même en charge.

Au contraire, les moteurs synchrones polyphasés développent un couple constant.

Pour s'en rendre compte, il suffit de constater que la somme des puissances Σei développées dans les divers circuits phasés a pour valeur $\Sigma\, ei = \sum \dfrac{EI \cos \varphi}{2}$, φ représentant, suivant nos notations habituelles, le décalage existant entre l'intensité et la force électromotrice développées dans chaque phase.

Comme application, étudions la transmission d'une énergie alternative à un moteur synchrone monophasé. Soient E_1 et E_2 les valeurs maxima des forces électromotrice de la génératrice et contrélectromotrice du moteur.

Soit E_2 constant : il suffit pour cela de régler convenablement l'excitation du moteur supposée indépendante. La puissance mécanique développée par le moteur est $P = E_2 \dfrac{I \cos \Psi}{2}$ suivant nos notations habituelles, I représentant la valeur maxima du courant i circulant dans le réseau et Ψ le décalage entre e_2 et i. La puissance électrique négative développée par ce moteur, ou puissance absorbée, a pour valeur

$$P' = -P = -\dfrac{E_1 I \cos \Psi}{2}.$$

P' ne dépend que de E_2 et de θ_1, angle des deux forces électromotrices. Cherchons les courbes d'égale puissance sur lesquelles se déplacerait un point figuratif du fonctionnement du moteur.

Soit $[E_1] = E_1$, $[E_2] = E_2(\cos\theta + \sqrt{-1}\,\sin\theta)$ et $[I]$ les valeurs complexes des éléments E_1, E_2, I.

Nous aurons

(1)
$$[I] = \frac{[E_1] + [E_2]}{r + \sqrt{-1}\, l\omega}.$$

r et l représentant les résistances et self-induction du circuit extérieur. Nous obtiendrons si

$$[-P'] = [E_2]\,[I]$$

avec

(2)
$$x = E_2 \cos \theta \qquad\qquad y = E_2 \sin \theta$$

et en nous bornant aux parties réelles,

(3)
$$\left(x + \frac{E_1}{2}\right)^2 + \left(y + \frac{E_1}{2}\,\frac{l\omega}{r}\right)^2 = \frac{l^2\omega^2 + r^2}{r^2}\left(\frac{E_1^2}{4} - P'r\right).$$

Cette équation représente un cercle dont le centre a pour coordonnées $\left(-\frac{E_1}{2}\right).\left(-\frac{E_1}{2}\,\frac{l\omega}{r}\right)$, et le rayon pour valeur $\rho = \frac{1}{\cos\varphi}\sqrt{\left(\frac{E_1^2}{4} - P'r\right)}$, si $r\,\mathrm{tg}\varphi = l\omega$.

On discutera aisément le graphique de la figure 24. Le cercle de puissance nulle a pour rayon $\rho = \frac{E_1}{2\cos\varphi}$ et passe par l'axe

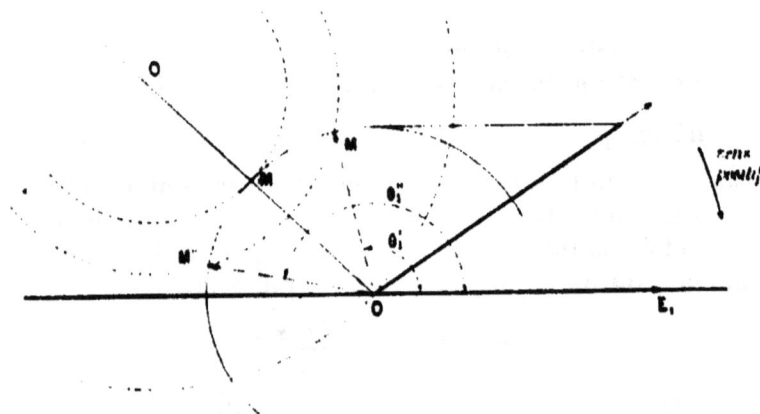

Fig. 24.

des coordonnées, le cercle de puissance maxima a un rayon nul. Pour une valeur constante de $E_2 = OM$, et pour une puissance donnée, nous trouvons deux valeurs θ' et θ'' de l'angle θ dont

BARBILLION. Courants alternatifs.   5 la première seule représente une position d'équilibre stable, puisque à une surcharge du moteur correspond le déplacement du point figuratif M vers un cercle de puissance plus forte.

De même en laissant E_2 constant, on voit que la puissance maxima du moteur correspond au cercle de rayon $\left(\dfrac{E_1}{2\cos\varphi} - E_2\right)$. que cette puissance a pour valeur

$$\cos\varphi\,\frac{E_2}{r}\left[E_1 - E_2\cos\varphi\right]$$

et que les deux angles θ' et θ'' sont confondus en un seul, cor-respondant au point de contact des deux cercles.

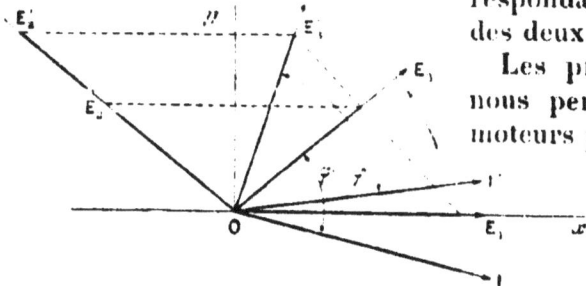

Fig. 25.

Les propriétés précédentes nous permettent d'utiliser ces moteurs pour le rétablissement de la concordance de phase entre le courant et la tension fournie aux bornes d'un réseau.

Si E_2 augmente, l'excitation du moteur synchrone croissant, on pourra faire déplacer le vecteur O I dans le sens de la flèche. On peut même produire une avance de phase de l'intensité I par rap-port à la tension E_1 (fig. 25).

Moteurs asynchrones. — Les primaires ou induits sont fermés sur eux-mêmes et tournent dans un champ alternatif simple ou polyphasé. Nous étudierons seulement en détail ce der-nier cas, un champ alternatif pouvant être décomposé en deux champs égaux tournant en sens inverse avec la même vitesse.

Moteurs asynchrones polyphasés. — Considérons un cadre tournant avec la vitesse ω'. Sa vitesse relative par rapport au champ est $(\omega - \omega') = \omega_1$. En supposant d'abord le champ fixe et l'induit mobile, et en appelant Φ le flux maximum traversant le cadre, R et L les constantes de ce cadre, nous aurons pour le couple C développé par le moteur

$$(1)\qquad C\omega_1 = \frac{\Phi_0\,\omega_1}{\sqrt{2}}\cdot\frac{R}{\sqrt{R^2 + \omega_1^2 L^2}}\cdot\frac{\Phi_0\,\omega_1}{\sqrt{2}\,\sqrt{R^2 + L^2\omega_1^2}}$$

c'est-à-dire,

$$(1') \qquad C = \frac{\Phi_0^2\, \omega_1\, R}{2\,(R^2 + L^2\, \omega_1^2)}.$$

L'induit réel comprend un certain nombre de cadres tournants identiques, décalés de $\frac{2\,\pi}{n}$.

Chacun d'eux est soumis au champ excitateur Φ_0, et à des effets d'induction dus aux autres cadres, mais en un même point de l'espace, le courant qui parcourt le cadre occupant une position géométrique déterminée, est constant. — Le flux dû à l'ensemble des cadres est donc fixe dans l'espace, soit Φ'. L'induit, supposé sans self-induction, tourne sous l'effet de la résultante Φ_1, de ces deux flux. On démontrera aisément comme plus haut, que le flux Φ' se réduit à un flux perpendiculaire au flux résultant.

Pour un cadre, Φ' a la valeur $L\,\frac{\omega_1\Phi_1}{2\,R}$ et pour m cadres

$$(2) \qquad \Phi' = \frac{m\omega_1\Phi_1 L}{2\,R}.$$

Φ_0 et Φ_1 font entre eux l'angle θ donné par $\operatorname{tg}\theta = \frac{L\,\omega_1}{R}$. Le couple a de même pour expression

$$(3) \qquad C = \frac{\Phi_1^2\,\omega_1\,m}{2\,R} \qquad \text{avec} \qquad \Phi_1 = \frac{\Phi_0\,2R}{\sqrt{4\,R^2 + L^2\,\omega_1^2\,m^2}}. \qquad (4)$$

La puissance développée par l'induit, a pour valeur, si $\Lambda = \frac{mL}{2}$,

$$(5) \qquad P = \frac{m\Phi_0^2\,\omega_1^2\,R}{2\,(R^2 + \Lambda^2\,\omega_1^2)}.$$

Revenons à l'expression du couple. Il est de la forme $C = \frac{\Lambda\,\omega_1}{B + C\omega_1^2}$. Nous pourrons ainsi le représenter par la courbe de la figure 26, où les abscisses sont les vitesses ω_1. Le couple est nul pour $\omega_1 = 0$ et $\omega_1 = \infty$. Au moyen de résistances de réglage, on peut toujours réaliser un couple maximum pour une vitesse ω_1 donnée.

Supposons maintenant l'induit immobile et le champ mobile. Φ_0 sera décalé d'un angle θ en avant, et Φ' de 90° en arrière de Φ_1. On aura toujours $R \operatorname{tg}\theta = L\,(\omega - \omega')$. Le couple aura

pour nouvelle expression

$$(6) \qquad C = \frac{m}{2} \; \frac{\Phi_0^2 \, (\omega - \omega') \, R}{R^2 + A^2 \, (\omega - \omega')^2} \cdot$$

Effectuons le changement d'axe représenté par la figure 26 en posant

$$OO' = \omega, \qquad OC = \omega - \omega', \qquad O'C = \omega'.$$

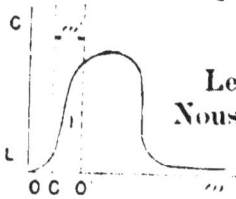

Le nouveau couple sera représenté par la figure 26 Nous pourrons considérer encore trois cas. Suivant les valeurs relatives des quantités ω et $\left(\dfrac{R}{L}\right)$, le point figuratif du couple maximum sur la figure précédera ou suivra le démarrage, ou enfin coïncidera avec cette position.

Fig. 26.

Puissance utile et puissance perdue en chaleur. — La première a pour expression $P_u = \omega' \, C$, c'est-à-dire

$$(7) \qquad P_u = \frac{m\Phi_0^2 R \, (\omega - \omega')\omega'}{2 \, [R^2 + A^2 \, (\omega - \omega')^2]} \cdot$$

La puissance recueillie change de sens, si $\omega - \omega' < 0$, c'est-à-dire, si $\omega' > \omega$, et aussi si ω' est d'un signe différent de ω. La machine fonctionne alors en génératrice asynchrone.

En général, on a donc $\omega' < \omega$, la machine marchant à une vitesse inférieure à celle du synchronisme.

La puissance perdue en chaleur dans l'induit a pour valeur, comme on le constate aisément,

$$(8) \qquad Q = \frac{m\Phi_0^2 R \, (\omega - \omega')^2}{2 \, [R^2 + A^2 \, (\omega - \omega')^2]} \cdot$$

On peut donc écrire,

$$(9) \qquad \frac{Q}{P_u} = \left(\frac{\omega - \omega'}{\omega'}\right).$$

Autrement dit, le rapport des puissances consommées en chaleur dans l'induit et des puissances utiles est sensiblement égal au glissement.

Moteurs asynchrones monophasés. — Nous avons vu, en étudiant les machines asynchrones, que le fonctionnement en moteur de ces machines n'est stable qu'entre certaines limites. Par raison de symétrie, la machine ne démarrera pas d'elle-même mais continuera à tourner dans le sens où elle a été lancée.

Nous pouvons d'après ce que nous avons vu, considérer l'induit comme soumis à deux couples égaux tournant avec les vitesses ω' et $-\omega'$. Les couples auront pour expression

$$C_1 = f(\omega - \omega'), \qquad C_2 = f(\omega + \omega')$$

en posant

$$(10) \qquad f(\Omega) = \frac{m}{8} \cdot \frac{R\Phi_0^2 \, \Omega}{R^2 + \Lambda^2 \Omega^2}.$$

Pour que la machine joue le rôle de moteur, il suffit que $C_1 > C_2$. Le point figuratif correspondant au fonctionnement du moteur doit donc rester dans la région où le couple augmente quand la vitesse diminue (fig. 19). En posant encore

$$(11) \qquad \mathrm{tg}\ \theta_1 = \frac{\Lambda(\omega - \omega')}{R}, \qquad \mathrm{tg}\ \theta_2 = \frac{\Lambda(\omega + \omega')}{R},$$

$$(12) \qquad \Phi_1 = \frac{\Phi_0}{2} \cos \theta_1, \qquad \Phi_2 = \frac{\Phi_0}{2} \cos \theta_2,$$

nous pourrons définir le flux tournant de grandeur variable par ses composantes sur deux axes rectangulaires. Elles auront pour valeur

$$X = \Phi_1 \sin(\omega t - \theta_1) + \Phi_2 \sin(\omega t - \theta_2),$$
$$Y = \Phi_1 \cos(\omega t - \theta_1) + \Phi_2 \cos(\omega t - \theta_2).$$

Ces équations représentent une ellipse qui se confond avec un cercle, quand $\omega = \omega'$. C'est ce qui se produit en pratique, et le champ tournant réalisé est de grandeur sensiblement constante.

Les moteurs synchrones ne démarrent pas en charge, et s'arrêtent sous une surcharge. Le danger de brûler le moteur est restreint. Le cosinus de l'angle de décalage de l'intensité par rapport à la force électromotrice, c'est-à-dire *le facteur de puissance*, est voisin de l'unité. L'utilisation des matériaux est donc satisfaisante.

Les moteurs asynchrones comportent une économie moindre des matériaux, mais ils démarrent en charge. Une surcharge les arrête et développe en eux un courant intense qui peut leur être nuisible.

Les moteurs asynchrones sont les plus simples. Ils ne com-

portent jamais d'excitatrice spéciale ; le couple de démarrage
est plus énergique, mais, par suite de la différence de phase
entre la force électromotrice et le courant, l'utilisation des matériaux est moins bonne qu'avec les moteurs polyphasés synchrones. Le rendement de ceux-ci est élevé même avec une
faible charge.

CHAPITRE VI

TRANSFORMATIONS DE COURANT

L'énergie électrique est ordinairement transportée à longue
distance sous forme de courants alternatifs à haute tension.
On doit transformer ceux-ci en courants pratiquement utili-
sables. Si les appareils récepteurs permettent d'employer des
courants alternatifs à basse tension, ce problème peut être
résolu au moyen d'un transformateur statique, qui reçoit le
courant haute tension de la ligne, et restitue aux récepteurs un
courant alternatif basse tension. — S'il est au contraire indispensable d'obtenir un courant continu, par exemple pour la
charge d'accumulateurs, ou pour des opérations électrochi-
miques quelconques, on doit d'abord abaisser la tension du
courant alternatif au moyen d'un transformateur statique, et
transformer le courant alternatif basse tension en courant
continu au moyen d'appareils appelés généralement convertisseurs-redresseurs ou commutatrices. — Si la tension alternative de la ligne n'est pas trop élevée, par exemple de 500 à
1 800 volts efficaces, les deux opérations précédentes peuvent
être réunies en une seule.

Nous étudierons donc :

1° Les transformations de courant alternatif en courant
alternatif, de forme différente mais de même période au moyen
de transformateurs statiques (A).

2° Les transformations réciproques de courant alternatif
en courant continu au moyen de convertisseurs-redresseurs
rotatifs (B) ou de commutatrices (C).

La transformation d'un courant de période donnée en un

autre de période différente pourrait être obtenue suivant des principes analogues.

A. Transformateurs statiques. — Le transformateur consiste essentiellement en deux circuits voisins, dont les spires sont disposées de telle sorte que le coefficient d'induction mutuelle des deux circuits ait une très grande valeur. L'un des circuits, dit primaire, est en relation avec le réseau, dans lequel est développé un courant alternatif i_1. Soit E_1 et I_1 les valeurs maxima de la tension et du courant primaire. On recueille aux bornes du secondaire un courant i_2 sous une tension e_2, les valeurs maxima de ces éléments étant encore E_2 et I_2. On doit admettre qu'il y a simple transformation de l'énergie électrique primaire en une énergie secondaire de forme différente.

La plupart des transformateurs industriels comprennent un noyau de fer sur lequel sont enroulés les deux circuits. Chacun d'eux développe une action magnétisante sur le noyau, et le flux résultant de ces deux actions traverse le primaire et le secondaire.

Dans le cas où au lieu d'envoyer dans le primaire un courant alternatif de forme sensiblement sinusoïdale on y dirige un courant fréquemment interrompu par un artifice quelconque, on réalise les propriétés connues de la bobine d'induction.

Théorie du transformateur. — Imaginons que le transformateur soit parfait, au point de vue magnétique, c'est-à-dire que tout le flux passant dans l'un des circuits passe aussi par l'autre. Nous dirons qu'il n'y a pas de pertes magnétiques.

Soient R_1 et R_2 les résistances des circuits primaire et secondaire, R'_2 celle du circuit extérieur d'utilisation du courant. La résistance totale sur laquelle travaille la force électromotrice secondaire est $r_2 = R_2 + R'_2$.

Soient de même N_1 et N_2 les nombres de spires primaires et secondaires, $\mathcal{R}$ la résistance magnétique du circuit, c'est-à-dire la quantité $\dfrac{l}{\mu s}$ dans laquelle l représente la longueur du circuit, s sa section et μ sa perméabilité.

Le flux Φ qui traverse le circuit est donné par

$$(1) \qquad \Phi = \frac{4\pi(N_1 i_1 + N_2 i_2)}{\mathcal{R}}.$$

Aux bornes du circuit primaire, il faut développer une tension

$$(2) \qquad e_1 = R_1 i_1 + N_1 \frac{d\Phi}{dt}.$$

Si l'on remplace dans l'expression de ces quantités les lettres par leur valeur pratique, on constate que le terme $R_1 i_1$ est toujours 2 000 ou 3 000 fois plus faible que le terme $N_1 \frac{d\Phi}{dt}$. On peut donc écrire simplement

$$(3) \qquad e_1 = N_1 \frac{d\Phi}{dt}.$$

Nous aurons de même pour le secondaire

$$(4) \qquad 0 = r_2 i_2 + N_2 \frac{d\Phi}{dt},$$

ou encore

$$(5) \qquad i_2 = - \frac{N_2}{N_1} \cdot \left(\frac{e_1}{r_2} \right).$$

Quand la résistance R_2 du circuit secondaire proprement dit est négligeable, ce qui arrive en général, la résistance totale r_2 se réduit à R'_2, résistance du circuit extérieur.

On peut donc écrire, en appelant $e_2 = i_2 R'_2$ la tension aux bornes dans ce cas

$$(5') \qquad e_2 = - \left(\frac{N_2}{N_1} \right) e_1.$$

On voit que si l'on maintient une tension primaire constante, on réalisera aux bornes du secondaire une tension secondaire également constante. Le transformateur est donc un appareil autorégulateur à tension constante : 1° si les pertes ohmiques dans les deux circuits sont négligeables; 2° si le circuit magnétique est parfait.

Sous le bénéfice des mêmes hypothèses, on peut de même démontrer que le transformateur constitue un appareil auto-régulateur pour distribution à intensité constante.

Partons des trois équations

$$\Phi = \frac{4\pi}{\mathcal{R}} \left(N_1 i_1 + N_2 i_2 \right) = \Phi_0 \cos \omega t.$$

$$r_2 = R_2 + R'_2, \qquad\qquad r_2 i_2 = - N_2 \left(\frac{d\Phi}{dt} \right).$$

Nous obtenons pour I_1 et I_2, valeurs maxima des courants primaire et secondaires, les expressions suivantes

$$(6) \qquad I_1^2 = \left[\frac{\mathcal{R}^2}{16\,\pi^2\,N_1^2} + \frac{N_2^2\,\omega^2}{N_1^2\,r_2^2} \right] \Phi_0^2.$$

$$(7) \qquad I_2^2 = \frac{N_2^2}{r_2^2}\, \Phi_0^2\, \omega^2.$$

Éliminons Φ_0 entre ces deux équations, nous aurons

$$(8) \qquad I_2^2 = \frac{16\,\pi^2\,N_1^2\,N_2^2\,\omega^2}{\mathcal{R}^2\,r_2^2 + 16\,\pi^2\,N_2^2\,\omega^2}\, I_1^2.$$

Cette formule nous donne l'intensité secondaire en fonction de l'intensité primaire. Une substitution numérique, basée sur les valeurs pratiques des éléments d'un transformateur, nous ferait aisément reconnaître que le terme $R_2\,i_2^2$ est négligeable dans la formule précédente. On peut donc écrire simplement

$$(9) \qquad I_2 = I_1 \left(\frac{N_2}{N_1} \right).$$

Sous les restrictions faites, le transformateur est donc autorégulateur pour une distribution à intensité constante.

Rendement d'un transformateur. — Les pertes dont un transformateur est le siège sont de trois sortes :

1° Pertes ohmiques dans les deux circuits ;

2° Courants de Foucault développés par induction dans les masses métalliques ;

3° Effets d'hystérésis dans le fer.

Les pertes ohmiques sont proportionnelles au carré de la puissance primaire efficace P. Nous avons, $2\,P = E_1\,I_1\,\cos\varphi$, φ représentant le décalage entre e_1 et i_1.

Dans le secondaire, l'intensité est en général sensiblement en concordance de phase avec la tension aux bornes. On peut donc écrire $2\,P = E_2\,I_2$, d'où, si on désigne par ρ le rendement du transformateur, $\rho\,E_1\,I_1\,\cos\varphi = E_2\,I_2$.

Quand le transformateur fonctionne aux environs de la pleine charge, on peut poser comme première approximation

$$\rho = 1, \qquad\qquad \cos\varphi = 1.$$

Les pertes ohmiques peuvent donc se représenter sensiblement par un terme de la forme KP^2.

Les pertes par courants de Foucault sont sensiblement proportionnelles à la force électrometrice qui les produit. La chaleur dégagée est proportionnelle au carré de l'induction, c'est-à-dire au carré de l'intensité de ces courants.

Les pertes par hystérésis sont pour une fréquence donnée de la forme aB_0^n, a représentant une constante, B_0 la valeur maxima de l'induction développée dans le fer, et n une puissance à laquelles les recherches expérimentales faites concordent à attribuer la valeur 1,6. Ces deux derniers termes, dans la somme des pertes, sont constants, soit K', quand la différence de potentiel primaire reste constante.

Nous aurons donc pour l'expression du rendement, si P représente la puissance utilisable aux bornes du secondaire,

$$(10) \qquad \rho = \frac{P}{P + KP^2 + K'} = \frac{1}{1 + \dfrac{K'}{P} + KP}.$$

Soit $K' = \alpha P_1$, la fraction de la puissance maxima que peut développer le transformateur perdue dans le fer sous la forme de courants de Foucault ou par hystérésis, $K = \dfrac{\beta}{P_1}$ celle perdue sous forme de chaleur de Joule dans les enroulements. Nous pouvons écrire

$$(11) \qquad \rho = \frac{1}{1 + \alpha \dfrac{P_1}{P} + \beta \dfrac{P}{P_1}}.$$

Le rendement passe par un maximum pour le minimum de la fonction $\left(\alpha \dfrac{P_1}{P} + \beta \dfrac{P}{P_1} \right)$ c'est-à-dire pour

$$(12) \qquad P = P_1 \sqrt{\frac{\alpha}{\beta}}.$$

Le rendement maximum correspondant à cette puissance sera donné par

$$(13) \qquad \rho_{max} = \frac{1}{1 + 2\sqrt{\alpha \beta}}.$$

Ainsi donc, prévoyant le service qu'aura à fournir un transformateur, nous pourrons construire cet appareil en vue de lui attribuer un rendement maximum pour une puissance égale à une fraction déterminée de la puissance maxima.

Décalage des intensités et des tensions par rapport au flux résultant. — Avec les mêmes hypothèses que plus haut, c'est-à-dire en considérant les pertes ohmiques et magnétiques comme négligeables, nous pourrons écrire

$$\Phi = \Phi_0 \sin \omega t.$$

$$i_2 = -\frac{N_2}{r_2}\left(\frac{d\Phi}{dt}\right) = \frac{N_2}{r_2}\Phi_0 \sin\left(\omega t - \frac{\pi}{2}\right).$$

Le courant secondaire est donc décalé de 90° en arrière du flux résultant, soit OX le vecteur correspondant. Il en est sensiblement de même pour la tension secondaire.

Appelons Ψ et θ les angles de décalage de l'intensité et de la tension primaires par rapport au flux. On peut constater que les deux vecteurs OX′ et OX″ représentatifs de ces quantités sont en avance sur le flux (fig. 27).

On tire des équations précédentes

$$(14)\qquad \operatorname{tg}\Psi = \frac{4\pi\omega}{\mathfrak{R}}\cdot\left(\frac{N_2^2}{r_2}\right),$$

$$(15)\quad \operatorname{tg}\theta = \frac{4\pi\omega}{\mathfrak{R}}\left(\frac{N_2^2}{r_2} + \frac{N_1^2}{R_1}\right).$$

avec $\operatorname{tg}\theta > \operatorname{tg}\Psi$.

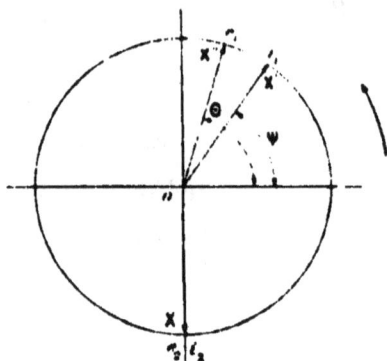

Fig. 27.

L'intensité primaire est en retard de phase de l'angle $(\theta - \Psi)$ sur la tension primaire.

Chute de Tension du Secondaire en charge. — Cherchons, toujours dans les mêmes hypothèses, quelle est la chute de tension du secondaire dont le transformateur est le siège, quand ce circuit secondaire, d'abord ouvert, est ensuite fermé sur les récepteurs à alimenter.

Au moyen des équations précédentes, nous aurons aisément

$$(16)\qquad E_1^2 = \Phi_0^2\left[\frac{R_1^2\mathfrak{R}^2r_2^2 + 16\pi^2\omega^2(N_2^2R_1 + N_1^2r_2)}{16\pi^2N_1^2r_2^2}\right],$$

$$(17)\qquad E_2^2 = I_2^2 R_2'^2 = R_2'^2\left(\frac{\Phi_0^2\omega^2}{r_2^2}\right),$$

d'où en éliminant Φ_0

$$(18) \qquad E_2^2 = \frac{16\,\pi^2\,N_1^2\,N\,\omega^2\,R_2^2\,E_1^2}{\mathcal{R}^2 R_1^2\,r_2^2 + 16\,\pi^2\,(N_2^2 R_1 + N_1^2\,r_2)^2}.$$

Supposons encore négligeable le terme $R_1^2\,r_2^2\,\mathcal{R}^2$, hypothèse légitime quand on remplace les lettres par les valeurs correspondant aux mêmes éléments dans un transformateur réel. On obtient alors

$$(19) \qquad E_2 = \frac{N_1 N_2\,\omega\,R_2}{(N_2^2 R_1 + N_1^2\,r_2)}\,E_1.$$

Posons

$$N_1 N_2\,\omega\,R_2 = A, \qquad N_2^2 R_1 + N_1^2 R_2 = B, \qquad N_1^2 = C.$$

Soit de plus E_2^0 la valeur de la tension maxima quand le circuit secondaire est ouvert, c'est-à-dire pour $R_2' = \infty$. Nous aurons

$$(20) \qquad E_2^0 = \frac{A}{C}. \qquad\qquad E_2 = \frac{A R_2'}{B + C R_2'}, \qquad (21)$$

la quantité $(E_2^0 - E_2)$ représentera la chute de tension et $\left(\dfrac{E_2^0 - E_2}{E_2^0}\right)$ la chute de tension relative dont le circuit secondaire est le siège, suivant que le transformateur est en charge, ou reste à circuit ouvert.

Nous aurons ainsi

$$(22) \qquad \frac{E_2^0 - E_2}{E_2^0} = \frac{B}{B + C R_2'}.$$

Etude graphique des pertes magnétiques. Méthode de Kapp. — Cette méthode a pour but de déterminer *a priori* la chute de tension maxima relevée au secondaire dans le cas de transformateurs imparfaits, entre la marche à vide et la marche à pleine charge, et pour diverses valeurs du décalage de l'intensité secondaire par rapport à la tension aux bornes secondaires.

1° *Transformateur en court-circuit.* — Imaginons que l'on mette le secondaire en court-circuit. Faisons monter doucement la tension primaire jusqu'à ce que le secondaire soit parcouru par le courant qui correspond à la pleine charge. — La tension que l'on doit fournir au primaire est bien plus faible que celle qui correspond au fonctionnement normal de l'appareil. Les intensités primaire et secondaire sont à peu près en opposition de phase : en effet, i_1 est en avance de $\left(\dfrac{\pi}{2} + \Psi\right)$

par rapport à i_2, avec tg $\Psi = \dfrac{4\pi N_2^2 \omega}{R r_2}$.

Ψ dans ce cas est très voisin de $\dfrac{\pi}{2}$.

Soit Φ la portion du flux commune aux deux circuits. À chacun d'eux correspond en outre une portion de flux qui le traverse seul, et est proportionnelle au courant qui circule dans les enroulements. Nous aurons donc pour les deux flux primaires et secondaires, l_1 et l_2 étant des constantes.

$$(23) \qquad \Phi_1 = \Phi + l_1 i_1, \qquad\qquad \Phi_2 = \Phi + l_2 i_2.$$

Nous obtiendrons de même pour les forces électromotrices ou plutôt les tensions correspondantes

$$(24) \quad e_1 = n_1 \frac{d\Phi}{dt} + l_1 \frac{di_1}{dt} + R_1 i_1, \qquad e_2 = n_2 \frac{d\Phi}{dt} + l_2 \frac{di_2}{dt} + R_2 i_2.$$

Tout se passe donc comme si les deux circuits présentaient chacun un coefficient de self-induction complémentaire l_1, l_2. — Nous allons déterminer les chutes de tension correspondant à ces self-inductions complémentaires. Soit m le rapport de transformation d'un appareil, c'est-à-dire des tensions maxima que peuvent développer ses circuits. On peut toujours supposer remplacé un transformateur de rapport m par un autre de rapport égal à l'unité.

Il suffit pour cela de grouper convenablement les bobines du primaire en parallèle. Nous aurons les mêmes courants dans chacun des deux circuits, mais ces courants seront en opposition de phase. Nous tirons de l'équation (24) dans le cas d'un secondaire en court circuit

$$(25) \quad \left(\frac{e_1}{n_1}\right) = \frac{R_1 i_1}{n_1} + \frac{d\Phi}{dt} + \frac{l_1}{n_1}\left(\frac{di_1}{dt}\right), \quad 0 = \frac{R_2 i_2}{n_2} + \frac{d\Phi}{dt} + \frac{l_2}{n_2}\left(\frac{di_2}{dt}\right).$$

Or
$$i_1 = -i_2.$$

Par suite, en ajoutant les équations précédentes

$$(26) \qquad \left(\frac{e_1}{n_1}\right) = \left(\frac{R_1}{n_1} + \frac{R_2}{n_2}\right) i_1 + \left(\frac{l_1}{n_1} + \frac{l_2}{n_2}\right)\frac{di_1}{dt}.$$

Mais les quantités l_1 et R_1 sont relatives à un transformateur modifié, c'est-à-dire dont le rapport de transformation est 1.

Appelons donc R'_1 la résistance du circuit primaire du transformateur une fois effectué le couplage en parallèle des diverses bobines de ce primaire, R_1 la résistance primitive de ce circuit, et r la résistance d'une bobine.

Nous pourrons poser

$$R_1 = mr. \qquad\qquad R_1' = \frac{r}{m} = \frac{R_1}{m^2}.$$

Soit de même l'_1 le coefficient de self-induction complémentaire des bobines primaires avant leur modification.

On reconnaît de même aisément, qu'après partage du primaire en m circuits groupés en parallèle, le coefficient de self-induction complémentaire l_1 a la valeur donnée par $m^2 l'_1 = l_1$.

Nous aurons donc après la transformation

$$(27) \quad e_1 = R_1' i_1 + n_2 \frac{d\Phi}{dt} + l_1' \frac{di_1}{dt}, \quad o = R_2 i_2 + n_2 \frac{d\Phi}{dt} + l_2 \frac{di_2}{dt}$$

Comme on a toujours $i_2 = -i_1$, nous aurons entre le flux et le courant primaire la relation suivante déduite de la soustraction des formules (27)

$$(28) \qquad -e_1 = (R_2 + R'_1) i_2 + (l_2 + l'_1) \frac{di_2}{dt},$$

e_1 est donc la somme géométrique des deux vecteurs

$$(29) \qquad -\overline{e_1} = \overline{(R_2 + R_1') I_2} + \overline{(l_2 + l_1') \omega I_2}.$$

Construisons le triangle rectangle ABC représenté par ces trois vecteurs. Nous connaissons deux côtés, l'hypothénuse e_1 c'est-à-dire la tension aux bornes du primaire, et le côté $(R_2 + R'_1) I_2$. Nous pourrons construire par suite le 3e côté $(l_2 + l'_1) \omega I_2$ (fig. 28).

En pratique le côté AB est généralement négligeable.

2° *Transformateur en charge.* — Examinons maintenant le cas d'un transformateur en charge.

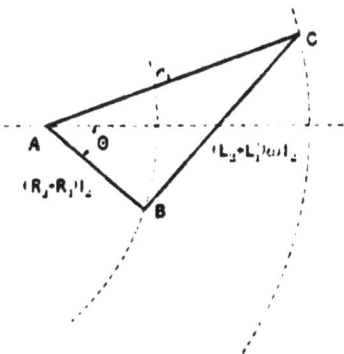

Fig. 28.

Aux termes précédents de la formule (29) il faut ajouter, pour tenir compte du circuit extérieur au circuit secondaire, le terme, $e_2 = -R_2 i'_2 + L_2 \frac{di'_2}{dt}$. Nous aurons en effet pour le secondaire en charge,

$$(30) \qquad 0 = R_2 i'_2 + n_2 \frac{d\Phi}{dt} + l_2 \frac{di'_2}{dt} + e'_2.$$

Construisons le même triangle ABC que précédemment. Portons de plus la quantité e_2 sur l'horizontale. La quantité e_1 sera représentée par le vecteur O C.

On peut déterminer l'angle θ du décalage de la tension aux bornes par rapport au courant secondaire; il suffit pour cela de connaître la résistance R'_2 et la self-induction L'_2 de ce circuit secondaire extérieur. On peut connaître alors la tension aux bornes secondaires e_2 en décrivant un cercle de C comme centre avec un rayon égal à l_1.

Supposons la tension primaire constante et aussi constant le décalage θ entre l'intensité et la tension secon-
daire.

Voyons comment se mo-
difie la figure dans le cas
où l'intensité secondaire
varie. Les triangles ABC
restent semblables à eux-
mêmes et gardent la
même orientation. On peut
suivre ainsi les variations
de la tension aux bornes
pour un débit extérieur
donné.

Imaginons en particu-
lier qu'il n'y ait pas de

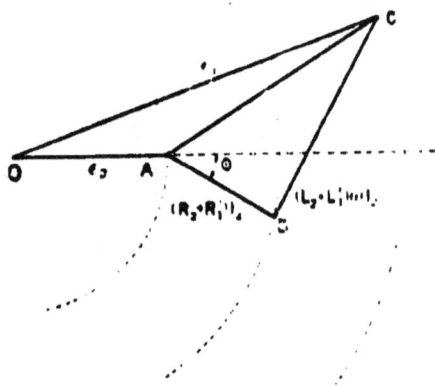

Fig. 29.

décalage entre l'intensité secondaire et la tension aux bornes secondaires. Le côté AB se confond avec l'axe Ox (fig. 29).

Admettons maintenant que le décalage θ varie, l'intensité secondaire restant constante.

Nous pouvons supposer l'orientation du triangle ABC fixe, et ce triangle se déplaçant parallèlement à lui-même de telle sorte que la tension $e_1 = $ OC reste constante. Le point A décrira alors un cercle, ainsi que B. Le centre du premier cercle est sur une parallèle à AC, à la distance OO'de O égale à C.A. Le second cercle a son centre sur une parallèle à CB, à une distance OO" de O égale à CB.

On suivra aisément encore sur le graphique les variations de la tension secondaire aux bornes.

B. **Convertisseurs rotatifs**. — Les appareils appelés convertisseurs rotatifs et commutatrices comportent, les premiers, deux circuits voisins parcourus par des courants distincts, les seconds, un seul circuit à la fois siège des deux courants. Ces circuits induits tournent à l'intérieur d'un inducteur. On ne peut guère sans danger dépasser avec les commutatrices une tension de 500 à 600 volts pour le courant alternatif à transformer. Il convient en effet de ne pas laisser subsister une tension excessive entre deux lames consécutives du collecteur de ces machines. M. Leblanc a étudié et construit des appareils réalisant la transformation directe du courant alternatif à haute tension en courant continu de tension quelconque.

On peut considérer trois cas principaux, suivant que l'énergie électrique à transformer est fournie sous forme de courant alternatif simple d'intensité efficace constante, de tension efficace constante ou sous forme de courants polyphasés à intensité efficace également constante.

1. *Solution générale*. — Considérons avec M. Leblanc une puissance électrique alternative à transformer sous forme continue, et supposons pour plus de simplicité qu'il n'y ait pas de décalage entre la force électromotrice e et l'intensité i. Nous aurons

$$ei = \frac{E^2}{2R} \sin^2 \omega t = \frac{E^2}{i} \left(\frac{1 - \cos 2\omega t}{R} \right).$$

R étant la résistance du circuit.

L'énergie $\frac{E^2}{4R}$ peut seule être transformée directement. Quant à la fraction $-\frac{E^2}{4R} \cos 2 \omega t$, il est nécessaire de l'emmagasiner sous une forme quelconque, pour la restituer ensuite d'une manière constante. De même qu'un volant régularise la marche d'une machine à piston, en développant un couple moteur sensiblement constant, de même par exemple une batterie d'accumulateurs, couplée en parallèle sur une source d'énergie électrique variable, régularisera le débit de cette source en se chargeant et se déchargeant tour à tour, suivant que la tension à ses bornes sera inférieure ou supérieure à celle développée aux bornes de la source.

Considérons (fig. 30) avec M. Leblanc un collecteur à touches très écartées, telles que les balais de chaque frotteur $F_1 F_2$ ne puissent s'appuyer sur deux lames consécutives du collecteur. Ces deux balais, pour chaque frotteur, sont décalés l'un

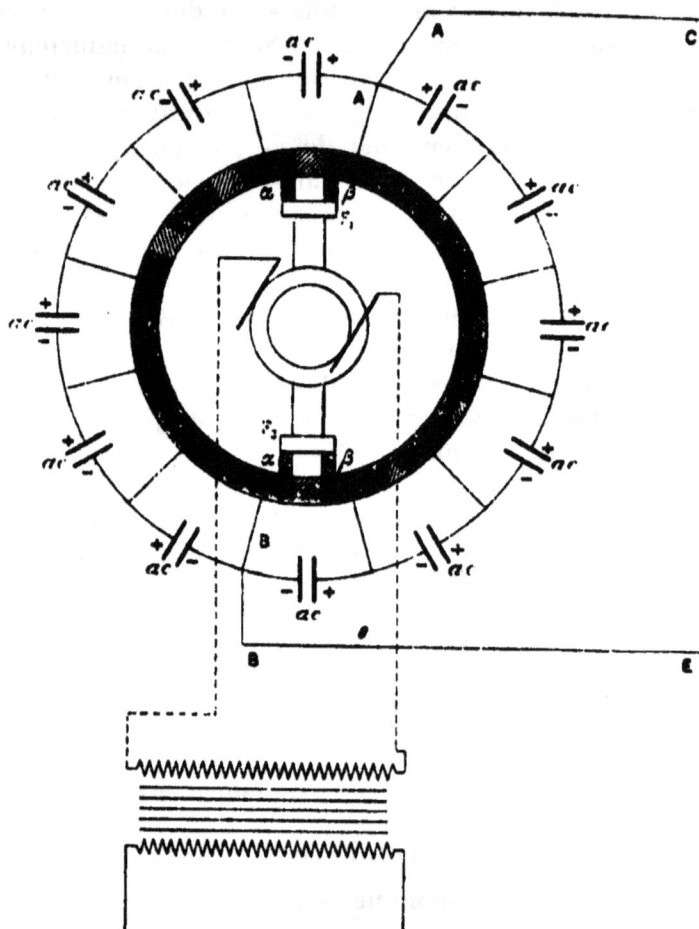

Fig. 30.

par rapport à l'autre, et reliés par une résistance. Supposons enfin une série de condensateurs électrolytiques ou d'accumulateurs réunis aux touches du collecteur. Deux de ces points de jonction, symétriques par rapport à l'axe, sont en relation avec le circuit qui doit être alimenté par du courant continu. Les frotteurs $F_1 F_2$ sont reliés à une source de courant alternatif, dont la tension, s'il a été nécessaire, a été réduite par un transformateur.

Soit ω la pulsation du courant alternatif. Faisons tourner les frotteurs F_1 F_2 avec la vitesse ω. Imaginons d'abord que nous fournissions une tension constante E aux bornes A, B. Les accumulateurs se chargeront. Nous récolterons aux bornes du circuit des frotteurs un courant dont la tension variera suivant une loi périodique de pulsation ω, et qui sera maximum quand les frotteurs porteront sur les touches en contact avec A, B.

La loi de variation de la différence de potentiel est donnée par la figure 31, dans le cas d'un collecteur à 24 touches, et de groupes d'accumulateurs comportant tous le même nombre d'éléments. En modifiant convenablement ce nombre, on arrive à donner sensiblement à la courbe la forme d'une sinusoïde (fig. 32).

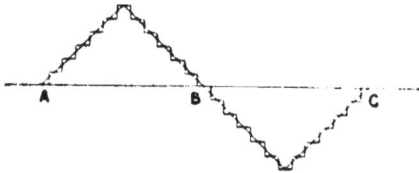

Fig. 31.

Inversement, si on lance dans le circuit des frotteurs un courant alternatif de fréquence ω, on recueillera, si les frotteurs tournent avec cette vitesse, un courant continu aux bornes A B du circuit.

Cette solution bien qu'éminemment intéressante n'a pas encore reçu la sanction rigoureuse de la pratique. Remarquons qu'ici le réservoir d'énergie ou

Fig. 32.

volant indispensable à la transformation est constitué par les condensateurs électrolytiques qui reçoivent une quantité d'énergie périodiquement variable, et restituent la moyenne de cette quantité d'énergie sous cette forme continue.

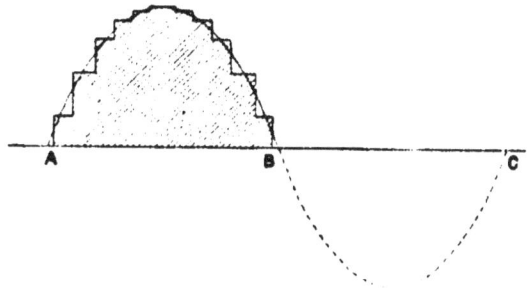

β. *Convertisseur redresseur pour courant alternatif monophasé à intensité efficace constante*. — On peut dans ce cas arrêter la portion variable de l'énergie alternative soit à l'aide d'une bobine de self-induction disposée dans le circuit à courant continu, soit au moyen d'un transformateur statique dont le primaire est intercalé sur ce même circuit, et dont le secondaire est fermé sur une forte résistance.

Le principe du fonctionnement de tout transformateur à noyau magnétique basé sur les actions et réactions mutuelles de deux circuits consiste en l'égalité des valeurs des ampères-tours développés par ces deux circuits, ces ampères-tours devant avoir des actions inverses.

Soient $n_1 i_1 = n_1 I_1 \sin \omega t$ le nombre des ampères-tours primaires, $n_2 i_2$ celui des ampères-tours secondaires. Nous devrons avoir

$$(1) \qquad n_2 i_2 + n_1 I_1 \sin \omega t = 0.$$

Afin de satisfaire à cette équation, faisons varier n_2 en fonction du temps suivant une loi sinusoïdale, i_2 restant constant et égal à I_2 (fig. 33). Pour cela, soit $y = N \sin x$ et $x = \omega t$, les deux coordonnées d'une sinusoïde représentant les variations avec le temps du nombre des ampères-tours secondaires, ou, à l'échelle près, du nombre des spires de l'enroulement secondaire.

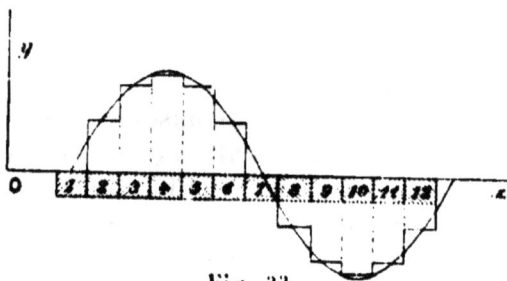

Fig. 33.

Pour réaliser cette combinaison d'une manière approchée, remplaçons cette courbe par la ligne brisée de la figure. Les milieux des portions horizontales correspondent respectivement aux abscisses 0, $\dfrac{\pi}{k}$, $\dfrac{2\pi}{k}$, ..., $(2k-1)\dfrac{\pi}{k}$. Considérons les nouvelles ordonnées $Z = f(x)$ comme fonction de la variable x : elles correspondent aux temps 0, $\dfrac{T}{2k}$, $\dfrac{2T}{2k}$, ..., $\dfrac{2(k-1)}{2k} T$. Nous pouvons écrire, en appliquant à Z le développement de Fourier,

$$(2) \qquad \begin{aligned} Z = &A_1 \sin x + A_2 \sin 2x + \ldots + A_n \sin nx \\ &+ B_1 \cos x + B_2 \cos 2x + \ldots + B_n \cos nx. \end{aligned}$$

On a en général dans ce développement

$$(3) \qquad A_n = \frac{1}{\pi} \int_0^{2\pi} Z \sin nx\, dx, \qquad B_n = \frac{1}{\pi} \int_0^{2\pi} Z \cos nx\, dx.$$

Soit z un nombre entier compris entre 0 et $2k$. Quand la variable x restera comprise entre

$$\left(\alpha-\frac{1}{2}\right)\frac{\pi}{k} \quad \text{et} \quad \left(\alpha+\frac{1}{2}\right)\frac{\pi}{k},$$

la fonction z demeurera constante et égale à $A \sin \alpha \left(\frac{\pi}{k}\right)$.

Posons

(4) $$Z_\alpha = N \sin \frac{\alpha\pi}{k}.$$

On a aisément

(5) $$\int_0^{2\pi} Z \sin nx\,dx = Z_0 \int_0^{\frac{\pi}{2k}} \sin nx\,dx \dots + Z_\alpha \int_{\left(\alpha-\frac{1}{2}\right)\frac{\pi}{k}}^{\left(\alpha+\frac{1}{2}\right)\frac{\pi}{k}} \sin nx\,dx.$$

Remarquons que $Z_0 = 0$. On a donc

(6) $$A_n = \frac{N}{\pi n} \sin \frac{n\pi}{2k} \left[\frac{\sin(n-1)\pi}{\sin(n-1)\frac{\pi}{2k}} \cos(n-1)(2k-1)\frac{\pi}{2k}\right.$$
$$\left. - \frac{\sin(n+1)\pi}{\sin(n+1)\frac{\pi}{2k}} \cos(n+1)(2k-1)\frac{\pi}{2k} \right].$$

Or, comme $\sin(n-1)\pi = 0$, $\sin(n+1)\pi = 0$, les termes de l'expression précédente sont nuls, sauf pour $\frac{n\mp 1}{2k} = p$, avec $p = 0, 1, 2, 3, \dots l$, les rapports $\frac{\sin(n\mp 1)\pi}{\sin(n\mp 1)\frac{\pi}{2k}}$ ont pour valeur commune $\frac{2k}{\cos p\pi}$ quand $n = 2kp \pm 1$.

Il en résulte immédiatement la valeur des coefficients A. En particulier pour $p = l$, $n = 2kl \pm 1$, nous aurons

(7) $$A_{2kl\pm 1} = \frac{N}{2kl\pm 1} 2k \sin \frac{\pi}{2k} \cos l\pi.$$

D'autre part les coefficients B sont nuls. Nous aurons donc

(8) $$z = \frac{N}{\pi} 2k \sin \frac{\pi}{2k} \left[\sin x + \frac{1}{2k-1} \sin(2k-1)x \right.$$
$$\left. - \frac{1}{2k+1} \sin(2k+1)x - \frac{1}{4k-1} \sin(4k-1)x \right.$$

$$+ \frac{1}{4k+1} \sin(4k+1)x + \frac{1}{6k-1} \sin(6k-1)x$$

$$- \frac{1}{6k+1} \sin(6k+1)x \dots \Big]$$

Le terme $\frac{1}{\pi} 2 k \sin \frac{\pi}{2k}$ tend rapidement vers l'unité ; pour $k = 6$, il est égal à 0,998. Les termes de la série deviennent ainsi très vite négligeables sauf le premier, pour des valeurs peu élevées de k.

Pour réaliser ces conditions théoriques, imaginons avec M. Maurice Leblanc un noyau magnétique xy (fig. 34) comprenant K circuits secondaires et l'enroulement primaire. Les circuits secondaires sont reliés avec le collecteur au moyen des connexions représentées par la figure. Sur ce collecteur se déplace un balai F, et le courant continu obtenu est recueilli au moyen du frotteur fixe f, et du conducteur réunissant le point de jonction des bobines $\frac{K}{2} + 1$ et 1 à la lame 1 du collecteur.

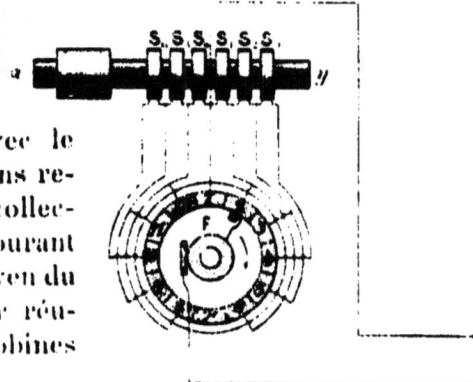

Fig. 34.

Alimentons le circuit primaire avec un courant alternatif de pulsation ω, et faisons tourner le balai F avec cette vitesse angulaire, nous développerons dans chaque spire une force électromotrice $e = e_0 \sin \omega t$. On peut toujours poser $x = \omega t + \varphi$, φ ne dépendant que du calage du balai. Nous aurons donc pour loi de variation du nombre des spires autour du noyau xy, N représentant un nombre constant de spires,

$$(9) \qquad z = 0,998 \, N \, [\sin(\omega t + \varphi) + \dots] ;$$

la force électromotrice développée sera dans le même circuit

$$(10) \qquad E = 0,998 \, N \, [e_0 \sin \omega t \sin(\omega t + \varphi) + \dots].$$

On peut toujours au moyen d'appareils régulateurs à forte self-induction, supprimer la partie périodique fondamentale de E et restreindre cette expression au terme $e_0 = \frac{N \, e_0 \cos \varphi}{2} 0,998$. Il lui correspond la production d'un courant continu.

Dans le cas (fig. 34), d'un transformateur à 6 bobines (k = 6) le circuit secondaire comprendra 6 bobines possédant respectivement des nombres de spires

$$n_1 = n_4 = N \sin \frac{\pi}{6}.$$

$$n_2 = n_5 = N \sin \frac{2\pi}{6} - N \sin \frac{\pi}{6}.$$

$$n_3 = n_6 = N \sin \frac{3\pi}{6} - N \sin \frac{2\pi}{6}.$$

Ces circuits secondaires sont reliés entre eux, et aux touches du collecteur. Avec 6 bobines et 12 lames au collecteur, nous pourrons réaliser, suivant le numéro de la lame en contact avec le balai, l'une des forces électromotrices

$$N \sin o, \quad N \sin \frac{\pi}{6}, \quad \ldots \quad, N \sin \frac{11\pi}{6}.$$

γ. *Convertisseur pour courant alternatif monophasé sous tension efficace constante.* — Considérons deux anneaux Gramme AA.

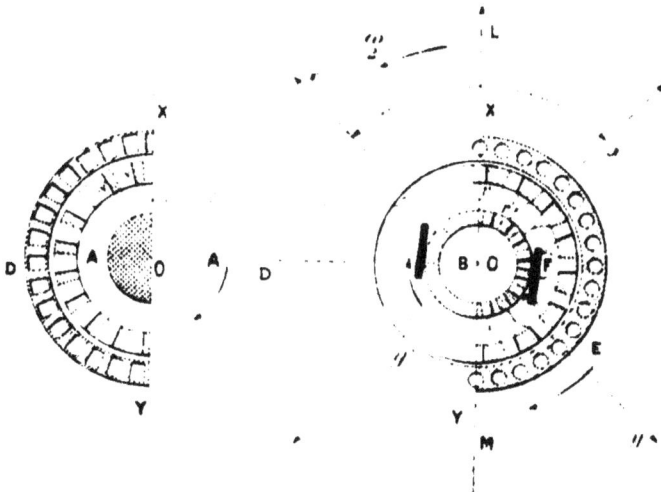

Fig. 35.

BB, montés sur le même arbre OO. AA tourne (fig. 35) à l'intérieur d'un inducteur de machine asynchrone à courant alternatif simple. BB se déplace dans le champ d'un inducteur de dynamo à courant continu, dont les enroulements sont branchés en dérivation au delà des deux balais FF du collecteur. Il y a avantage à ajouter à ces bobines inductrices un enroulement série branché à la suite de l'induit BB lui-même. Les sections des anneaux AA et BB sont reliées en parallèle de telle sorte que si l'on mène un plan par l'axe OO, les bobines rr de AA, et ss de BB, respectivement symétriques les unes des autres par rapport à ce plan, soient couplées ensemble. Les sections $r'r'$ sont reliées aux lames du collecteur. Enfin l'inducteur de BB porte à son intérieur une cage d'écureuil dont on va voir le rôle.

Lançons un courant de fréquence ω, dans le circuit de l'anneau DD (inducteur de la machine asynchrone). Faisons tourner l'anneau AA avec la vitesse $\left(\frac{\omega}{2}\right)$ dans le sens de la flèche, c'est-à-dire du mouvement commun des anneaux. Nous aurons deux champs dus aux courants alternatifs, soient Φ_1 et Φ_2, tournant autour de OO avec les vitesses ω et $-\omega$. Φ_1 et Φ_2 posséderont les vitesses relatives $\frac{\omega}{2}$ et $-\frac{3\omega}{2}$, par rapport à l'anneau AA.

Φ_1 produira des forces électromotrices de fréquence $\frac{\omega}{2}$, et présentant des différences de phase dans les sections successives des anneaux AA, BB.

Il y aura à chaque instant une différence de potentiel constante développée entre les sections de l'anneau AA aboutissant aux extrémités d'un même diamètre xy qui tournerait autour de l'axe OO avec la vitesse ω. Cette même tension constante se retrouve pour BB aux bornes de sections aboutissant aux extrémités d'un diamètre $x'y'$ symétrique de xy par rapport à la trace LM du plan de symétrie. Or xy tourne avec la vitesse ω, LM avec la vitesse $\frac{\omega}{2}$, donc $x'y'$ doit rester fixe. On recueillera donc une force électromotrice constante.

Le champ Φ_2 tendrait à développer une force électromotrice de fréquence 2ω, entre deux touches diamétralement opposées du collecteur, mais son action est détruite par l'anneau inducteur de BB portant une cage d'écureuil. BB tourne donc à l'intérieur d'un écran magnétique. Il ne peut par suite développer de force électromotrice due à un flux variable dans l'espace, et opposée à celle de fréquence $\frac{3\omega}{2}$ que Φ_2 ferait naître dans l'anneau AA. Les sections de BB ne seront donc pas influencées par les variations du flux Φ_2.

La vitesse $\frac{\omega}{2}$ des anneaux est réalisée par ce fait que leur ensemble se comporte par rapport à l'inducteur DD comme un moteur synchrone. Il fournit en même temps les courants déwattés nécessaires au développement du champ Φ_1. La cage d'écureuil de l'inducteur de BB a aussi pour effet d'assurer la stabilité du synchronisme.

On pourrait aussi aisément baser sur le même principe un appareil transformateur à courants polyphasés. En remplaçant l'inducteur de machine asynchrone monophasée par un inducteur de machine asynchrone polyphasée, nous réaliserons un appareil transformateur de courants polyphasés en courants continus.

δ. *Convertisseur pour courants polyphasés sous intensité efficace constante.* — Il est possible de transformer la puissance fournie par de tels courants, sans l'intermédiaire d'un réservoir momentané d'énergie, car la puissance fournie au primaire est constante.

Soient en effet n conducteurs parcourus par n courants alternatifs de même période mais décalés de $\frac{1}{n}$ de période les uns par rapport aux autres. Soient ces conducteurs connectés en étoile, c'est-à-dire possédant une extrémité commune, et montés sur un noyau magnétique qui supporte aussi un ensemble de circuits secondaires. Les courants alternatifs parcourent ces enroulements sous des forces électromotrices de même fréquence et de même amplitude, mais décalées également de $\frac{1}{n}$ de période. Nous aurons respectivement pour les intensités et les forces électromotrices

$$i_k = \mathrm{I} \sin\left[\omega t + \left(\frac{k-1}{n} \right) 2\pi \right] \qquad \text{et}$$

$$e_k = \mathrm{E} \sin\left[\omega t + \varphi + \left(\frac{k-1}{n} \right) 2\pi \right] \quad \text{avec } k = 0, 1, 2, \ldots, (n-1).$$

L'énergie totale fournie pendant un temps dt sera la somme de celle développée pendant le même temps dans chacun des circuits. La puissance P fournie au primaire aura donc pour expression

$$\mathrm{P} = \Sigma e_k i_k = \sum \frac{1}{2} \mathrm{EI} \cos \varphi \, .$$

Cette puissance est donc constante. Nous allons étudier cette transformation dans le cas spécial de courants triphasés.

L'appareil de transformation comporte un noyau magnétique à trois branches qui peuvent être réunies à leurs extrémités par une carcasse commune. Chaque branche comporte un enroulement primaire, de n spires, reliées aux points d'amenée du courant et à un point de retour O commun.

Cette branche supporte en outre un enroulement secondaire divisé en $2K$ sections réparties comme il a été indiqué précédemment, dans le cas du transformateur monophasé à intensité constante. Autrement dit, chaque noyau porte $2K$ bobines ayant des nombres de

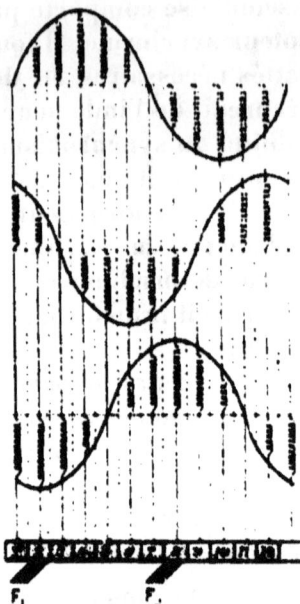

Fig. 36.

spires proportionnels aux ordonnées d'une sinusoïde de pas L, correspondant aux abscisses

$$0, \frac{L}{2k}, \ldots \ldots \frac{(2k-1)}{2k} L.$$

La figure 36 nous montre les trois sinusoïdes, décalées de 1/3 de période, relatives aux enroulements des trois branches du transformateur. Nous y voyons pour chaque noyau correspondant respectivement à une phase les ordonnées proportionnelles au nombre de spires dans chaque section, et le mode de connexion des bobines entre elles, de noyau à noyau. Ces $2k$ sections sont reliées entre elles et avec les touches d'un collecteur suivant le mode indiqué dans la figure.

Par convention, les spires correspondant à des ordonnées positives seront celles enroulées dans le sens dextrorsum, par exemple, et les spires correspondant à des ordonnées négatives, celles enroulées dans le sens sinistrorsum. Chaque section du circuit secondaire sera constituée par la réunion en série des trois bobines correspondantes des noyaux $X_1 Y_1$

$X_2 Y_2$, $X_3 Y_3$, relatives à une même abscisse des sinusoïdes. Pour la section de rang p, les noyaux $X_1 Y_1$, $X_2 Y_2$, $X_3 Y_3$ comprendront des nombres de spires respectivement proportionnels aux nombres

$$\sin 2\pi \left(\frac{p-1}{2k} \right), \sin 2\pi \left(\frac{p-1}{2k} + \frac{1}{3} \right), \sin 2\pi \left(\frac{p-1}{2k} + \frac{2}{3} \right).$$

Faisons porter les balais sur les touches de rang β et $\beta + K$ du collecteur. Le courant engendré passera de F_1 à F_2 par les deux chemins suivants :

1° Par les k sections comprises entre les touches

$$\beta \text{ et } \beta + 1, \ \beta + 1 \text{ et } \beta + 2, \ \beta + K - 1 \text{ et } \beta + K$$

2° Par les k sections branchées entre les touches

$$\beta \text{ et } \beta - 1, \quad \beta - 1 \text{ et } \beta - 2, \quad \beta - k + 1 \text{ et } \beta - k$$

Le courant effectuera, suivant le premier chemin, un nombre de tours égal à

$$(1) \qquad N_1 = H \frac{1}{\sin \frac{\pi}{2k}} \cos \left(\beta - \frac{1}{2} \right) \frac{\pi}{k}$$

et, suivant le second, un nombre de tours

$$(1') \qquad N'_1 = - \frac{H}{\sin \frac{\pi}{2k}} \cos \left(\beta - \frac{1}{2} \right) \frac{\pi}{k},$$

H étant une constante.

Les enroulements de ces circuits sont identiques et de sens contraire : donc, comme dans chacun des circuits, le courant parcourt l'enroulement correspondant en sens inverse, les nombres totaux S des spires parcourues par le courant général sur les noyaux $X_1 Y_1$, $X_2 Y_2$, $X_3 Y_3$, seront donc respectivement

$$(2) \quad \begin{cases} S_1 = H \dfrac{\cos \left(\beta - \dfrac{1}{3} \right) \dfrac{\pi}{k}}{\sin \dfrac{\pi}{2k}} \\[4ex] S_2 = H \dfrac{\cos \left(\beta - \dfrac{1}{2} + \dfrac{2k}{3} \right) \dfrac{\pi}{k}}{\sin \dfrac{\pi}{2k}} \end{cases}$$

$$S_3 = H \, \frac{\cos\left(\beta - \frac{1}{2} + \frac{4k}{3}\right)\frac{\pi}{k}}{\sin\frac{\pi}{2k}}.$$

Faisons tourner maintenant les balais F_1, F_2 avec la vitesse angulaire ω. Au bout du temps $\frac{2\pi}{2k\omega}$, la valeur de β variera brusquement de β à $\left(\beta + \frac{1}{2k}\right)$, les quantités S_1, S_2, S_3, seront des fonctions du temps représentées par les lignes brisées de la figure 37 inscriptibles dans les courbes de la figure 36 et décalées de 1/3 de période par les unes rapport aux autres.

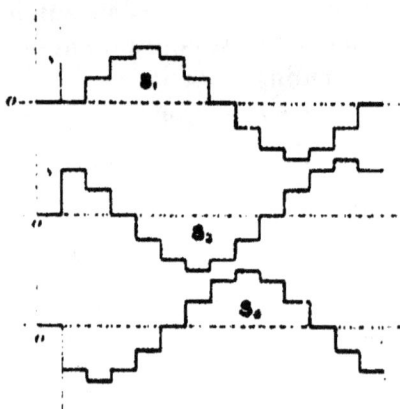

Fig. 37.

On pourrait développer les valeurs de S_1, S_2, S_3 par la formule de Fourier comme il a été indiqué plus haut. Pour $k = 6$, nous aurons notamment pour S_1

$$(2) \qquad S_1 = 0,998 \, \frac{H}{\sin\frac{\pi}{12}} \left[\sin\omega t + \frac{1}{11}\sin 11\,\omega t - \frac{1}{13}\sin 13\,\omega t - \frac{1}{23}\sin 23\,\omega t \ldots \right]$$

Nous obtiendrons les expressions de S_2 et S_3, en remplaçant dans l'équation précédente ωt par $\left(\omega t + \frac{2\pi}{3}\right)$, $\left(\omega t + \frac{4\pi}{3}\right)$.

Nous allons montrer qu'une force électromotrice constante se développe entre les balais.

Les trois noyaux XY étant le siège de variations de flux de fréquence $\frac{\omega}{2\pi}$, nous pourrons écrire pour les flux correspondants Φ_1, Φ_2, Φ_3,

$$\Phi_1 = \Phi_0 \cos (\omega t - \Psi),$$

(i)
$$\Phi_2 = \Phi_0 \cos \left(\omega t + \frac{2\pi}{3} - \Psi \right),$$

$$\Phi_3 = \Phi_0 \cos \left(\omega t + \frac{4\pi}{3} - \Psi \right),$$

Φ_0 et Ψ représentant deux constantes.

La force électromotrice E développée entre balais aura pour expression, tous calculs faits, puisque

$$E = S_1 \frac{d\Phi_1}{dt} + S_2 \frac{d\Phi_2}{dt} + S_3 \frac{d\Phi_3}{dt},$$

et en s'arrêtant au premier terme de la série de Fourier,

(5)
$$E = -\frac{3.86}{4} \omega \Phi_0 H. 3 \cos \Psi,$$

le facteur $\cos \Psi$ dépend du calage des balais. On peut donc toujours faire en sorte que $\cos \Psi = 1$. L'effet des termes supérieurs de la série de Fourier, c'est-à-dire le développement de forces électromotrices auxiliaires alternatives sera détruit par la self-induction disposée dans le circuit que doit traverser ce courant transformé.

C. **Commutatrices.** — Une machine à courant continu ordinaire, à induit Gramme, portant sur son axe deux bagues reliées à deux touches opposées du collecteur, constitue une commutatrice monophasée (fig. 38).

On peut relier les deux bagues aux deux bornes d'une source de courant alternatif, une fois la machine amenée à une vitesse suffisante. Nous aurons ainsi réalisé un véritable moteur synchrone et nous récolterons, au collecteur sur lequel frottent les balais, un courant continu. Inversement, lançons dans l'induit un courant constant : la machine fonctionne alors

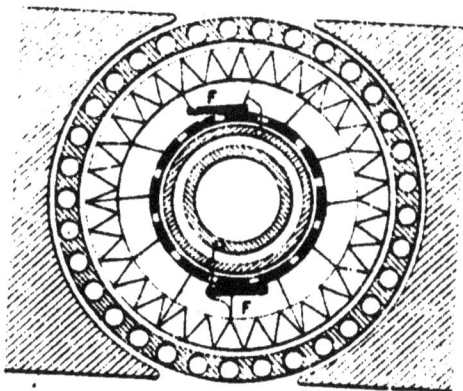

Fig. 38.

en moteur à courant continu, et nous recueillerons aux bagues un courant alternatif de fréquence proportionnelle à la vitesse de l'induit.

Nous étudierons d'abord les commutatrices monophasées, et ensuite les polyphasées qui permettent la transformation du courant continu en courant polyphasé d'un nombre quelconque de phases.

a. COMMUTATRICE MONOPHASÉE. — Considérons l'anneau Gramme précédemment décrit et alimentons-le par un courant alternatif.

Supposons cependant la machine dépourvue d'inducteur. Soit nc la ligne de contact des balais, fixe dans l'espace, mais mobile sur l'induit et xy la droite joignant les points de contact des deux bagues. L'angle φ de ces deux directions a pour valeur $\varphi = \varphi_0 + \omega t$.

La tension recueillie aux balais sera d'après ce que nous avons vu à propos des machines à courant continu, si V_u et V_c représentent les potentiels de l'un et l'autre balai,

$$(1) \qquad V_u - V_c = V_0 \sin \omega t \cos(\varphi_0 + \omega t)$$

ou

$$(2) \qquad V_u - V_c = -\frac{V_0}{2}\sin\varphi_0 + \frac{V_0}{2}\sin(2\omega t + \varphi_0),$$

la tension recueillie aux balais a donc pour valeur moyenne

$$E_{moy} = -\frac{V_0}{2}\sin\varphi_0,$$

et la valeur efficace

$$(3) \qquad E_{eff} = \sqrt{\frac{V_0^2}{4}\sin^2\varphi_0 + \frac{V_0^2}{8}} = \frac{V_0}{2\sqrt{2}}\sqrt{2 - \cos 2\varphi_0}.$$

On voit que la tension efficace est maximum en même temps que la tension moyenne, et aussi maximum quand celle-ci est nulle.

Formons la différence $E^2_{eff} - E^2_{moy}$; elle a pour valeur $\frac{V_0^2}{8}$. Cette différence devrait être constante. En pratique, elle est fonction de φ, par suite de la présence d'harmoniques supérieures du courant fondamental.

Soit $2N$ le nombre de sections de l'anneau, r la résistance de chacune d'elles. La force électromotrice alternative $c_u = E_u \sin \omega t$

est maintenue entre les touches du collecteur aboutissant au diamètre *uv*. Nous supposerons en première analyse que le courant alternatif est seulement constitué par du courant watté, et que le rendement de la commutatrice est l'unité.

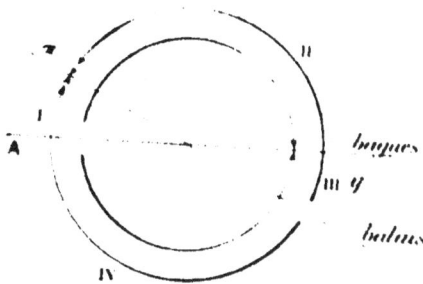

Fig. 39.

Nous aurons ainsi $\frac{I_c E_a}{2} = E_c I_c$, I_c représentant le courant continu, et E_a le maximum de la tension alternative qui peut toujours, par un calage convenable des balais, être rendue égale à la tension du courant continu fourni.

L'intensité I_c est maximum quand *xy* se confond avec AB, mais elle est alors de signe contraire à I_a, car l'un des courants fournit du travail, l'autre en absorbe.

Soit encore φ l'angle de ces deux directions (*uv*, *xy*). Dans les secteurs (I, II, III, IV) (fig. 39) nous aurons respectivement des nombres de sections $\frac{N}{\pi}\varphi$, $\frac{N}{\pi}(\pi-\varphi)$, $\frac{N}{\pi}\varphi$, $\frac{N}{\pi}(\pi-\varphi)$ parcourues respectivement par les courants, puisque $2 I_c = I_a$. $I_c(1+2\sin\omega t)$, $I_c(-1+2\sin\omega t)$, $I_c(-1-2\sin\omega t)$, $I_c(+1-2\sin\omega t)$.

La machine étant amenée au synchronisme, et avec un calage de balais convenable, nous aurons pour la puissance consommée en chaleur dans l'induit pendant le temps dt

$$(4) \quad dq = \frac{2N}{\pi} RI^2 \left[\varphi(1+2\sin\omega t)^2 + (\pi-\varphi)(1-2\sin\omega t)^2\right] dt$$

c'est-à-dire en intégrant pour un demi-tour, de 0 à $\frac{T}{2}$.

$$\int_0^{\frac{\pi}{\omega}} dq = 2NRI^2 \left[\int_0^{\frac{T}{2}} (1-2\sin\omega t)^2 dt \pm \frac{8}{\pi}\int_0^{\frac{T}{2}}\varphi\sin\omega t\, dt\right]$$

On trouve aisément tous calculs faits pour cette quantité soit

$$Q = 2NR(3I^2_c).$$

On voit d'après cela, que les dimensions de sécurité d'une

machine commutatrice de n kilowatts doivent être les mêmes que celles d'une machine à courant continu de $n\sqrt{3}$ kilowatts.

Le courant $i = 2$ I, sin ωt produit deux champs tournants avec la vitesse ω par rapport à l'anneau, l'un dans un sens, l'autre dans l'autre. L'un de ces flux est fixe dans l'espace. Il a une intensité égale et de signe contraire à celle du champ produit par l'armature sous l'influence du courant continu qui la traverse. Le deuxième champ tournant avec la vitesse 2ω est réduit à l'impuissance, si l'on prend soin de disposer un écran magnétique tout le long de la surface intérieure de l'inducteur.

Supposons maintenant la commutatrice marchant à vide : c'est un véritable moteur synchrone fonctionnant à puissance nulle. Imaginons encore que les pertes par frottements, par hystérésis et par courants de Foucault soient négligeables.

On démontre que pour une excitation donnée, il existe une seule tension alternative maxima pour laquelle la tension continue recueillie aux balais soit à la précédente dans un rapport égal à l'unité. La tension continue recueillie aux balais est celle qui correspond pour une machine dynamo identique à l'excitation donnée; elle est rigoureusement continue, le courant étant nul dans l'induit.

Faisons varier la tension alternative maxima E_a aux bagues, la tension recueillie aux balais n'est plus continue : elle comprend une partie constante et un terme périodique de fréquence double de celle du courant alternatif. Si E_a croît, la tension continue E croît aussi, mais le rapport $\frac{E_c}{E_a}$ reste plus petit que l'unité. Si E_a décroît, la tension E_c décroît également, mais le rapport $\frac{E_c}{E_a}$ reste supérieur à l'unité.

De même, maintenons constante la tension efficace aux bagues. Si l'excitation croît, on voit de même que la tension réellement continue recueillie aux balais croît, mais qu'elle est toujours inférieure à la tension normale de la machine fonctionnant à courant continu. Les conclusions sont inverses quand l'excitation décroît.

b. COMMUTATRICES POLYPHASÉES. — Il est naturellement aussi aisé de réaliser des commutatrices d'un nombre quelconque de phases, en réunissant des points régulièrement distribués sur la surface des enroulements induits à $n = \frac{1}{2}n'$ bagues.

dans le cas d'un courant à $2 n'$ phases, et à $n = 2 n' + 1$ bagues, dans le cas d'un courant à $2 n' + 1$ phases. Dans ce dernier cas, s'il y a lieu, on peut donner un point commun à l'autre extrémité des enroulements constituant les phases.

COMMUTATRICES DIPHASÉES. — Disposons deux bagues $D_1 D_2$ reliées à deux points diamétralement opposés de l'induit, et deux autres bagues $D_3 D_4$ reliées à des points analogues, mais respectivement situés à 90° des précédents. Si la tension continue est encore égale à U_c, la tension maxima U_a alternative entre les bagues $D_1 D_2$ d'une part, $D_3 D_4$ de l'autre sera encore égale à U_c. Nous aurons, puisqu'il y a deux phases, et que le rendement de la commutatrice est supposé égal à l'unité,

$$\frac{2}{2} \ U_a I_a = U_c I_c$$

d'où $I_a = I_c$: les valeurs maxima du courant dans la ligne seront $I_a \sqrt{2}$, car ce courant est composé avec deux autres décalés de 90°.

COMMUTATRICE TRIPHASÉE. — Dans ce cas, la tension alternative maxima développée entre les bagues D_1, D_2, D_3, reliées à trois points équidistants de l'induit, n'est plus U_c. Mais considérons la tension maxima entre une bague et le point neutre ; sa valeur est toujours $\dfrac{U_c}{2}$. Il suffit pour le voir de construire un triangle équilatéral inscrit dans un cercle. Le rayon de ce cercle peut être pris comme représentant la tension maxima entre une bague et le point neutre, ou tension étoilée U^a. Le côté du triangle peut au contraire représenter la tension maxima entre deux bagues, soit

$$U_a = U^a \times 2 \ \frac{U}{2} \sin \ \frac{\pi}{3} = \frac{U_c \sqrt{3}}{2}.$$

La valeur du courant I_a dans chaque phase est donnée par $\dfrac{3}{2} U_a I_a = 2 U_c I_c$ d'où $I_a = \dfrac{8}{3\sqrt{3}} I_c.$

COMMUTATRICES A n PHASES. — La tension étoilée garde toujours la même valeur $U^a = \dfrac{U_c}{2}$. La tension polygonale a toujours pour expression le côté du polygone régulier de n côtés, de rayon égal à la tension étoilée.

On a donc toujours $U_a = 2 U^a \sin \dfrac{\pi}{n} = U_c \sin \dfrac{\pi}{n}$.

La valeur maxima du courant dans une phase est donnée par $\dfrac{n U_a I_a}{2} = 2 U_c I_c.$ d'où $I_a = \dfrac{4 I_c}{n \sin \dfrac{\pi}{n}}$.

Le tableau suivant résume les valeurs efficaces des divers éléments pour les commutatrices polyphasées. Pour avoir les valeurs maxima correspondantes, il suffit de multiplier par $\sqrt{2}$ les éléments du tableau.

	COURANT continu.	MONOPH.	TRIPH.	TÉTRAPH	n PHASES
Tension entre chaque bague et le point neutre . .	U_c	$\dfrac{1}{2\sqrt{2}}$	$\dfrac{1}{2\sqrt{2}}$	$\dfrac{1}{2\sqrt{2}}$	$\dfrac{1}{2\sqrt{2}}$
Tension entre deux bagues adjacentes	U_c	$\dfrac{1}{\sqrt{2}}$	$\dfrac{\sqrt{3}}{2\sqrt{2}}$	$\dfrac{1}{2}$	$\dfrac{1}{\sqrt{2} \sin \dfrac{\pi}{n}}$
Courant dans la ligne	I_c	$2\sqrt{2}$	$\dfrac{2\sqrt{3}}{3}$	$\sqrt{2}$	$\dfrac{4\sqrt{2}}{n}$
Courant dans une phase	I_c	$2\sqrt{2}$	$\dfrac{4\sqrt{2}}{3\sqrt{3}}$	1	$\dfrac{2\sqrt{3}}{n \sin \dfrac{\pi}{n}}$

Ces valeurs, bien entendu, ne sont relatives qu'au cas où la force électromotrice alternative varie suivant une loi sinusoïdale, où le décalage est nul entre cette force électromotrice et l'intensité, où le calage des balais est tel que l'angle $\varphi_0 = 0$, et

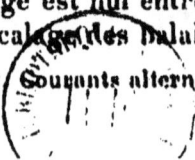

où enfin l'on néglige les pertes de puissance dues aux fuites magnétiques, aux frottements, aux courants de Foucault, à l'hystérésis et à l'échauffement de l'induit.

Quand les courants alternatifs sont en concordance de phase avec la tension, la self-induction n'a pas beaucoup d'importance. S'il y a décalage, elle réduit ou augmente la force électromotrice induite par rapport à la différence de potentiel fournie aux bornes, suivant que le courant déwatté est en avance ou en retard sur cette tension, comme dans un moteur synchrone.

Courant dans l'induit. — Ce courant représente comme nous l'avons vu, la différence entre les courants continus et les courants alternatifs dont l'induit est le siège. Le courant watté est maximum quand les bobines constituant une phase du courant alternatif occupent une position symétrique par rapport aux deux balais. La courbe résultante du courant dans l'induit est alors la somme algébrique d'une sinusoïde et d'une ligne brisée A B C D. Nous aurons dans ce cas une courbe de type analogue à celle représentée figure 40.

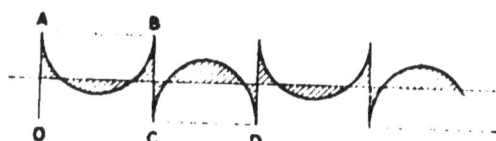

Fig. 40.

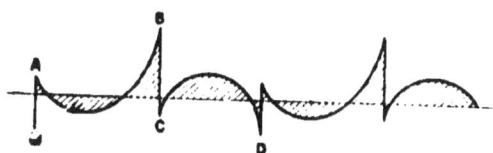

Fig. 41.

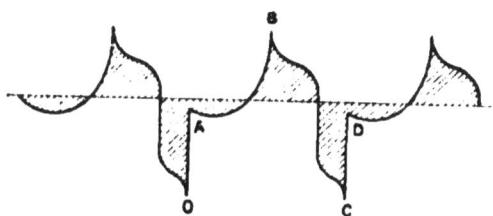

Fig. 42.

Suivant que les intensités alternatives sont décalées en avant ou en arrière des tensions, nous aurons les formes suivantes du courant (fig. 41 et 42).

Le courant alternatif dans une section dont l'axe fait un angle α avec celui de la section moyenne de cette phase a pour valeur $I_a \sin(\omega t - \alpha)$.

Le courant résultant aura pour expression

(5)
$$ i = I_a \sin(\omega t - \alpha) - I_c , $$

mais la valeur maxima du courant alternatif est égale à

$$(6) \qquad I_a = \frac{2\sqrt{2}}{n \sin \frac{\pi}{n}} I \sqrt{2}.$$

Le courant résultant a pour valeur

$$i = I_c \left[\frac{4 \sin(\omega t - \alpha)}{n \sin \frac{\pi}{n}} - 1 \right].$$

On reconnaît aisément que la valeur efficace du courant résultant est donnée par la relation

$$(7) \qquad I_{eff}^2 = \frac{2}{T} \int_0^{\frac{T}{2}} i^2 dt = I_c^2 \left(\frac{8}{n^2 \sin^2 \frac{\pi}{n}} + 1 - \frac{16 \cos \alpha}{n\pi \sin \frac{\pi}{n}} \right).$$

Les énergies perdues dans une section faisant l'angle α avec la section moyenne de la phase, suivant que l'appareil fonctionne comme commutatrice ou comme machine à courant continu sont dans le rapport,

$$(8) \qquad K_\alpha = \left(\frac{I_{eff}}{I_c} \right)^2 = \frac{8}{n^2 \sin^2 \frac{\pi}{n}} + 1 - \frac{16 \cos \alpha}{n\pi \sin \frac{\pi}{n}}.$$

Ce rapport, comme on le voit, est minimum pour $\alpha = 0$, c'est-à-dire pour la section située au milieu de chaque phase de l'enroulement polyphasé. Ce rapport est maximum pour celles situées aux points de jonction avec une autre phase, c'est-à-dire pour $\alpha = \pm \left(\frac{\pi}{n} \right)$.

Cherchons encore le rapport K des quantités totales d'énergie perdues dans l'enroulement induit, suivant que la machine fonctionne en génératrice à courant continu, ou en commutatrice.

Il suffit pour cela dans l'expression précédente d'intégrer la quantité $K_\alpha \, d\alpha$ entre les limites $-\frac{\pi}{n}$ et $+\frac{\pi}{n}$, ce qui nous donnera le rapport des pertes d'énergie correspondantes dans une phase complète.

Nous aurons enfin

$$(9) \qquad K = \frac{n}{2\pi} \int_{-\frac{\pi}{n}}^{+\frac{\pi}{n}} K_\alpha \, d\alpha = \left(\frac{8}{n^2 \sin^2 \frac{\pi}{n}} + 1 - \frac{16}{\pi^2} \right).$$

On a supposé jusqu'ici négligeables les pertes à vide. On peut tenir compte des pertes dues au seul courant watté en ajoutant dans chaque cas au courant I_a une fraction ρI_a de sa valeur déterminée par une expérience faite sur la machine marchant à vide.

Nous trouverons dans ce cas les nouvelles valeurs suivantes pour les quantités K_α et K

$$K'_\alpha = \frac{8(1+\rho)}{n^2 \sin^2 \frac{\pi}{n}} + 1 - \frac{16(1+\rho)\cos\alpha}{n\pi \sin \frac{\pi}{n}}.$$

c'est-à-dire

$$(10) \qquad K'_\alpha = K_\alpha + 2\rho \left[\frac{8}{n^2 \sin^2 \frac{\pi}{n}} - \frac{8\cos\alpha}{n\pi \sin \frac{\pi}{n}} \right]$$

et de même

$$K' = (1+2\rho) \left[\frac{8}{n^2 \sin^2 \frac{\pi}{n}} + 1 - \frac{16}{\pi^2} \right] - 2\rho \left[1 - \frac{8}{\pi^2} \right].$$

INTRODUCTION DU DÉCALAGE. — On a supposé également qu'il y avait concordance de phase entre les tensions alternatives aux bornes et les courants. On peut tenir compte du décalage inévitable existant entre les deux quantités en considérant le courant alternatif total comme la somme des courants watté et déwatté.

Il suffit pour cela dans l'expression précédente K' des pertes d'ajouter à celles dues aux courants wattés une fraction de cette quantité égale à $\dfrac{8 \, \mathrm{tg}^2 \, \varphi}{n^2 \sin^2 \frac{\pi}{n}}$. φ représentant l'angle de décalage. Appelons toujours I_α le maximum du courant watté, $\dfrac{I_\alpha}{\cos\varphi}$ sera le maximum du courant alternatif total.

Nous aurons pour expression du courant dans une phase de la commutatrice

$$(11) \qquad i = \frac{I_a}{\cos \varphi} \sin (\omega t + \varphi - \alpha),$$

toujours avec la relation $I_a = \dfrac{4 I_c}{n \sin\left(\dfrac{\pi}{n}\right)}$.

Le courant résultant, dans une section d'une phase quelconque aura pour valeur,

$$(12) \qquad i = \left[\frac{I_a}{\cos \varphi} \sin (\omega t + \varphi - \alpha) - I_c \right],$$

c'est-à-dire

$$(13) \qquad i = I_c \left[\frac{4 \sin (\omega t + \varphi - \alpha)}{n \cos \varphi \sin \dfrac{\pi}{n}} - 1 \right].$$

Par analogie avec la valeur efficace de ce courant, quand il n'y a pas de décalage, on peut écrire dans le cas d'un décalage donné φ

$$(14) \qquad I_{\text{eff}} = I_c \sqrt{ \frac{8}{n^2 \cos^2 \varphi \sin^2 \dfrac{\pi}{n}} + 1 - \frac{16 \cos (\varphi - \alpha)}{n \pi \cos \varphi \sin \dfrac{\pi}{n}} }$$

ce qui nous donne pour valeur du rapport K_α

$$(15) \qquad K_\alpha = \frac{I^2_{\text{eff}}}{I^2_c}.$$

Le rapport des pertes dans une phase complète est de même

$$(16) \qquad K = \frac{8}{n^2 \sin^2 \dfrac{\pi}{n}} + 1 - \frac{16}{\pi^2} + \frac{8 \operatorname{tg}^2 \varphi}{n^2 \sin^2 \dfrac{\pi}{n}},$$

et en tenant compte des pertes à vide

$$(17) \qquad K' = [1 + 2\varphi] \left[\frac{8 (1 + \operatorname{tg}^2 \varphi)}{n^2 \sin^2 \dfrac{\pi}{n}} - 1 + \frac{16}{\pi^2 \sin^2 \dfrac{\pi}{n}} \right] - 2\varphi \left(1 - \frac{8}{\pi^2} \right).$$

Réaction d'induit d'une commutatrice. — Soit m conducteurs parcourus par un courant et répartis sur un demi-cercle d'induit. Nous aurons pour les ampères-tours correspondants

$$F = \frac{2mI}{2} \cdot \frac{1}{\pi} \int_{-\frac{\pi}{2}}^{+\frac{\pi}{2}} \cos\alpha\, d\alpha = \frac{2mI_c}{\pi}$$

Telle sera la valeur de la réaction d'induit due au courant continu I_c, $\frac{m}{2}$ conducteurs étant compris de balais à balais.

Cherchons la réaction d'induit due aux courants alternatifs. Avec $\left(\frac{m}{n}\right)$ conducteurs par phase, répartis sur les arcs $\frac{2\pi}{n}$, nous aurons comme valeur moyenne des ampères-tours, si I_{eff} désigne la valeur efficace du courant alternatif qui parcourt une phase,

$$f_1 = \frac{mI_{eff}}{n} \cdot \frac{n}{2\pi} \int_{-\frac{\pi}{n}}^{+\frac{\pi}{n}} \cos\alpha\, d\alpha = \frac{2mI_c\sqrt{2}}{\pi n}.$$

On trouve de même aisément que celle correspondant à l'enroulement complet a pour valeur

$$F_1 = \frac{n\sqrt{2}}{2} f_1 = \frac{2mI_c}{\pi}.$$

Ces réactions sont donc exactement égales et opposées.

Le flux propre de l'induit dû au courant watté est décalé à 90° en avant du flux inducteur Φ_0, comme dans un moteur synchrone. Le flux dû aux courants continus est décalé à 90°, en arrière de ce flux inducteur Φ_0. Ces considérations s'appliquent aux commutatrices polyphasées, mais non aux monophasées, car nous savons dans ce cas que le flux d'induit dû aux courants alternatifs n'est pas constant.

Rôle des commutatrices. — Nous avons vu que les commutatrices peuvent servir à transformer du courant alternatif en courant continu, ou inversement. Quand elles sont employées pour le second usage, la vitesse comme moteur à courant con-

tinu et par suite la fréquence des courants alternatifs dépendent
de la valeur du champ résultant, c'est-à-dire du champ inducteur continu et des courants déwattés, qui seuls créent un
champ fixe antagoniste ou de même sens, suivant qu'ils sont
décalés en arrière ou en avant de la tension.

Le démarrage des appareils à courants alternatifs alimentés
par la commutatrice exige des courants déwattés et décalés
de 90° en arrière de la tension, d'où une tendance à la diminu-
tion du champ, et à l'emballement pour le moteur à courant
continu constitué par la commutatrice. Cet emballement peut
être combattu en couplant en parallèle la commutatrice avec
une génératrice de courants alternatifs de fréquence invariable.
Cette dernière fournit les courants déwattés nécessaires au
maintien de la constance du flux inducteur.

ÉVREUX, IMPRIMERIE DE CHARLES HÉRISSEY